双机架可逆冷连轧机组轧制特性分析

刘光明　著

北　京
冶　金　工　业　出　版　社
2022

内 容 提 要

本书在介绍典型双机架可逆冷连轧机组组成和技术特点的基础上，利用影响系数法、直接解法分别建立了适合该类型机组的静态特性分析和动态特性分析模型，对轧制过程不同形式的工艺参数波动、加减速及启车过程进行了模拟和分析，对优化该类型轧机的运行状态具有一定的参考意义。

本书可供高等院校、科研院所从事冶金装备、轧制理论与工艺等领域工作的相关人员阅读，对从事金属板带材轧制生产和管理的工作者也具有一定的参考价值。

图书在版编目(CIP)数据

双机架可逆冷连轧机组轧制特性分析/刘光明著．—北京：冶金工业出版社，2021.6（2022.9 重印）

ISBN 978-7-5024-8843-7

Ⅰ.①双…　Ⅱ.①刘…　Ⅲ.①冷连轧—机组—特性—研究　Ⅳ.①TG335.12

中国版本图书馆 CIP 数据核字（2021）第 109533 号

双机架可逆冷连轧机组轧制特性分析

出版发行 冶金工业出版社　**电　　话** (010)64027926
地　　址 北京市东城区嵩祝院北巷 39 号　**邮　　编** 100009
网　　址 www.mip1953.com　**电子信箱** service@mip1953.com

责任编辑 卢　敏　美术编辑 吕欣童　版式设计 郑小利
责任校对 郑　娟　责任印制 李玉山

北京建宏印刷有限公司印刷
2021 年 6 月第 1 版，2022 年 9 月第 2 次印刷
710mm×1000mm　1/16；7.75 印张；151 千字；116 页

定价 62.00 元

投稿电话　(010)64027932　投稿信箱　tougao@cnmip.com.cn
营销中心电话　(010)64044283
冶金工业出版社天猫旗舰店　yjgycbs.tmall.com
（本书如有印装质量问题，本社营销中心负责退换）

前　言

双机架可逆冷连轧机是当今较先进的一种高效冷轧机，既具有单机架可逆式轧机生产灵活的特点，又具有冷连轧机生产能力大的优势和通过机架间张力使轧制过程中各个因素相互影响的特点。此外双机架可逆冷连轧机具有结构紧凑、占地面积少、投资及生产成本低、建设周期短、轧制道次灵活、品种规格变换快和生产效率高、产品质量好的优点，更能满足小批量、多规格的市场发展要求，在中小型冷轧钢厂中有着很好的发展前景，因而自1996年在美国戴拉米克钢厂首次推出后，在世界范围内得到了迅速的推广。

近年来，国内的济南钢铁集团公司冷轧厂、浙江龙盛钢铁公司、浙江东南新材料有限公司、湖北鄂城钢铁集团、吉林通钢冷轧薄板厂、鞍山峰驰冷轧钢板公司、江阴长发冷轧厂、昆钢集团等先后投产了多套双机架可逆冷连轧机组，宝钢分公司冷轧薄板厂及迁安市思文科德薄板科技有限公司也先后投产了兼具二次冷轧和平整功能的双机架可逆冷连轧机组。

双机架可逆冷连轧机组自动化控制系统高于单机架可逆冷轧机组和多机架冷连轧机组，既要兼顾单机架轧机的可逆性，又要兼顾多机架连轧机的连续性，具有多参数、强耦合、高响应、非线性和高精度的特点。本书旨在通过分析该类型机组轧制过程中各参数间的数量关系，外扰量、调节量对机组运行状态的影响，各参数变化对轧制过程的影响和机组典型工艺过程的轧制状态变化规律，找到影响轧制过程稳定性的主要因素，以期为优化双机架可逆冷连轧机组的运行状态提供理论参考。

本书共由6章组成。第1章概述了冷轧机组的主要类型，介绍了典型双机架可逆冷连轧机组的轧制工艺过程、主要技术参数、控制系统及控制功能。第 2 章介绍了连轧静态特性分析的发展，影响系数法求解过程的主要方程及其线性化处理，分轧程推导了偏微分系数，并建立了求解矩阵方程。第 3 章介绍了连轧动态特性的发展，直接法求解过程的主要数学模型及其求解原理。第 4 章以某双机架可逆冷连轧机组的典型产品轧制规程为例，分析了控制和不控制机架间张力时的机组的静态特性，并对机组的厚度和张力控制策略进行了分析。第 5 章以相同的轧制规程分析了参数波动、加速过程以及参数波动耦合加速过程时的机组动态特性。第 6 章以相同的轧制规程分析了加减速过程的完全辊缝补偿和启车过程建张方式对机组动态特性的影响。

在本书完稿之际，特别感谢在双机架可逆冷连轧机组轧制特性研究过程中给予大力支持的邸红双教授和侯泽跃硕士，感谢李志峰同学在文献搜集、图表整理和文字编辑等方面付出的辛勤劳动。

另外，还要感谢山西省基础研究计划项目（编号：201901D111241）、山西省科技重大专项（编号：20181101002）、山西省留学人员科技活动项目择优资助项目（编号：20210046）、山西省重点研发计划重点项目（编号：201603D111004、201703D111003）、山西省高等教育“1331 工程”提质增效建设计划等对本书出版的经费资助。

由于时间仓促、水平有限，书中不足和疏漏之处望广大专家、学者和同行批评指正。

作者

2021 年 3 月

目　录

1 双机架可逆冷连轧机组介绍

1.1 板带材冷轧机组概述

冷轧是生产冷轧板带钢材的主要成品工序，其生产的冷轧板带属于高附加值的钢材品种，是汽车、建筑、家电、食品等行业所必需的原材料。

冷轧机是冷轧生产的主体设备，近三十年来，轧机新机型的开发，自动控制技术的发展，特别是计算机技术的高速发展，给板带冷轧技术提供了更多的选择性。过去带钢的冷轧大多数是在四辊单机架可逆式轧机上进行，为了满足冷轧带钢生产的品种、规格、质量及不同生产规模的要求，冷轧带钢生产工艺经历了从单张到成卷生产的变革。按机架机列配置形式划分有单机架、双机架和多机架的变化，以适应不同品种及质量产品的生产需求。连轧的方式有常规串列式连轧、全连续连轧和酸洗—冷连轧联合轧制。当今常规的连轧机组由 4~5 台轧机组成。对于镀锡板来说，为实现 86%以上的总压下率，成品厚度要求小于 0.15mm 时，也有采用六机架的连轧方式。

1.1.1 单机架可逆冷轧机组

二辊式冷轧机是早期出现的结构形式最简单的冷轧机。二辊式轧机辊径大，咬入性能好，轧制过程稳定，但轧机刚度较小，轧制产品厚度大、精度差，难以保证高质量的轧制。因此，目前这种轧机只用于轧制较厚的带钢或作平整机用。

对于二辊轧机而言，为了能够轧制更薄的带钢必须减小轧辊直径。这是因为只有减小轧辊直径，才能使轧制力和力矩降低，轧辊弹性压扁减小，就可以承受轧薄时更大的轧制力，增加道次压下量。但是，小直径轧辊在轧制力和张力作用下，又缺乏足够的强度和刚度，这样就产生了工作辊和支撑辊的分工合作关系，即由小直径工作辊直接进行轧制变形，而大直径支撑辊用来支撑工作辊，于是就产生了四辊式冷轧机，以及使工作辊直径更小，并在垂直和水平方向上都能支撑工作辊变形的多辊轧机。

四辊式冷轧机一般多采用工作辊传动，其工作辊和支撑辊直径之比约为 1∶3，机架具有较大的刚度，可以轧制厚度为 0.15~3.5mm、宽度最大为 2080mm 的低碳冷轧带钢和镀锡、镀锌及涂层基板，也可轧制不锈钢、硅钢等合金带钢。如图 1-1 为单机架四辊可逆轧机的典型布置图。

多辊轧机是指一个机架内轧辊数多于 4 个的轧机，早期是六辊式和十二辊式，现在普遍使用森吉米尔型二十辊轧机。森吉米尔型二十辊轧机刚性大，工作辊挠度小。工作辊是由弹性模量很大的材质制成的，能承受较大的轧制力，加上有较完善的辊型调节系统，所以多辊轧机可以轧制 0.002~0.2mm 的极薄带钢和变形困难的硅钢、不锈钢及高强度的铬镍合金材料。

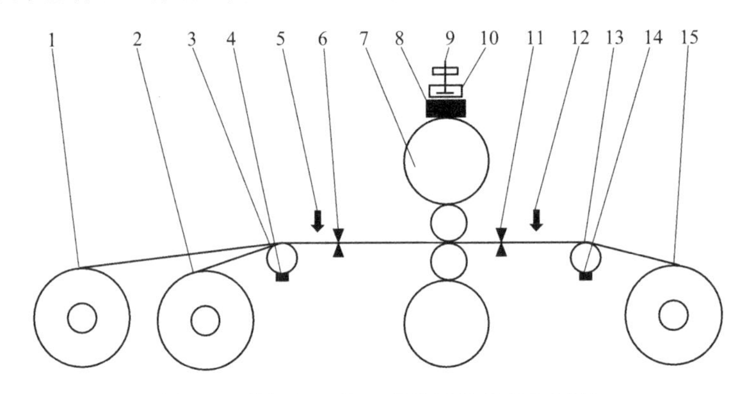

图 1-1 单机架四辊可逆轧机的典型布置图

1—开卷机；2—2 号卷取机；3，13—板形仪；4，14—张力计；5，12—激光测速仪；6，11—测厚仪；7—四辊轧机；8—压头；9—辊缝仪；10—液压缸和位置传感器；15—1 号卷取机

近年来，世界上新建单机架可逆式轧机有较大发展，单机产量日益提高，从传统的 20 万~30 万吨/年发展到 40 万吨/年以上，最大已达 80 万吨/年。除不锈钢和硅钢等特殊钢大多采用单机架多辊可逆式轧机外，轧制普碳钢和低合金钢的单机架可逆式轧机也在增多，其原因：一是冷轧技术的发展（AGC，Automatic Gauge Contrl、AFC，Automatic Flatness Control、大卷重和高速度），使单机架可逆式轧机的产品质量和产量都有很大提高；二是市场需要多品种、小批量和较短的交货周期，单机架可逆式轧机可较好地满足这种需求，特别是薄板坯连铸连轧带钢厂的出现和发展，带动了年产 50 万~80 万吨单机架可逆式轧机的建设；三是单机架可逆式冷轧机投资低，产品灵活，可降低成本，并取得较好的经济效益。

1.1.2 多机架冷连轧机组

从单机架的可逆轧制发展到多机架的连续轧制，最早要追溯到 1926 年美国阿姆科公司 Bulter 厂的四机架连轧，当时连轧机的速度仅有 70m/min。随着生产技术进步，以及伴随着机械、电气、轧辊冷却等一系列技术问题的相应解决，到 20 世纪 60 年代时，其轧制速度已迅速增至 1000~2000m/min，20 世纪 70 年代，采用六机架连轧的最大轧制速度达到了 2520m/min。在整个连轧生产过程全部采用计算机控制、高速高精度的生产过程控制成为现实的基础上，为了消除连轧机穿带-甩尾作业、消除头尾部无张力轧制所带来的厚度波动等质量问题，进一步提高产品质量及轧机产能，诞生了全连续式的轧制生产方式，实现了冷轧轧制技术的一大飞跃。

按冷轧带钢生产工序及联合的特点，将多机架的连续轧机分成三类，即单一全连续轧机、联合式全连续轧机及全联合式全连续轧机。

第一类多机架的连续轧机是单一全连续轧机。该类轧机可分为常规连轧机和全连续轧机两种形式。常规连轧机组是较早时期的连轧形式，1971 年 6 月投产的日本钢管福山钢厂是世界上最早实现这种形式生产的厂家。由于这种连轧形式的每卷钢卷都必须经过穿带、加速和甩尾降速过程，导致其生产节奏慢，带钢厚度和板形的控制精度低。为此，对常规连轧形式在生产中进行了改进，在轧机前面增加焊接和活套，在钢卷进入轧机之前将钢卷焊接起来，通过活套的作用使带钢源源不断地通过轧机，形成了全连续轧机。

与常规连轧机相比，全连续轧机的产量提高了 50%，操作人员减少了三分之二，头尾板厚不均缺陷降低了 90%，同时轧辊划伤缺陷下降了 80%，且轧辊的磨损减少了约 30%。虽然全连续轧机从设备投资费用上来看，成本有所上升，但考虑到产量的提升，生产效率的提高以及产品质量缺陷的下降，实际综合成本费用是下降的。

第二类多机架的连续轧机是联合式全连续轧机。将单一全连续轧机与其他生产工序的机组联合，称为联合式全连续轧机。若单一全连续轧机与后面的连续退火机组联合，即为退火联合式全连续轧机；全连续轧机与前面的酸洗机组联合，即为酸轧联合式全连续轧机。1981 年，日本新日铁君津厂将其 3 号五机架连轧机组增加了第六机架后与原有的 3 号酸洗机组联合，改建成了酸洗—冷轧联合机组并投入运行，这是世界上第一条投入运行的酸轧联合式全连续轧机。1982 年法国的于齐诺尔公司改建成的一条酸洗—冷轧联合式全连续轧机，是欧洲最早投入使用的酸轧联合式全连续轧机。其中，90°转向辊技术的开发是关键，它把原先并行或成 90°正交布置的酸洗线和连轧机组很方便地连接起来。目前世界上酸轧联合式全连续轧机较多，发展较快，在中国内地及中国台湾、日本、韩国、法国、德国和美国等均有改建或新建的酸轧联合式全连续轧机，可以说它是全连续轧机的一个发展方向。

与常规连轧机相比，酸轧联合式全连续轧机省去了酸洗出口段的大部分设备（涂油机、切分剪、两套卷取机、钢卷小车、步进梁打捆机）和轧机进口段设备（准备站、步进梁、开卷机、夹送矫直机、切头剪等），以及相关的液压、润滑电气系统，大大降低了设备造价；同时，酸轧联合式全连续轧机也省去了酸洗后及轧机前的中间钢卷库，降低了厂房造价，总体节省建设投资 20%左右。由于该轧制方式省去了再次开卷，实现了无头轧制，因而具有显著的质量优势，即避免了穿带过程带钢的超厚、带钢的压痕及轧辊的损伤，从而使得轧辊的消耗大为降低，换辊次数大为减少，提高了机组成材率及带钢表面质量。由于不需要酸洗及冷轧间的任何中间工序，缩短了生产周期，提高了生产效率。同时也减少了操作定员，降低了机组运行成本。

第三类是全联合式全连续轧机，是最新的冷轧生产工艺流程。单一全连续轧机与前面酸洗机组和后面连续退火机组（包括清洗、退火、冷却、平整、检查工序）全部联合起来，即为全联合式全连续轧机。最早的是新日铁广烟厂于 1986 年新建投产，如图 1-2 所示，第二条是美国内陆钢厂与日本新日铁 1989 年合资兴建的 127 万吨联合式全连轧生产线。全联合式全连续轧机是冷轧带钢生产划时代的技术进步，它标志着冷轧板带设计、研究、生产、控制及计算机技术已进入一个新的时代。为使整个机组能够同步顺利生产，采用了先进的自动控制系统，投产后均一直正常生产，板厚精度控制在±1%以内。过去冷轧板带从投料到产出成品需要几天，而采用全联合式全连续轧机只要 20min。

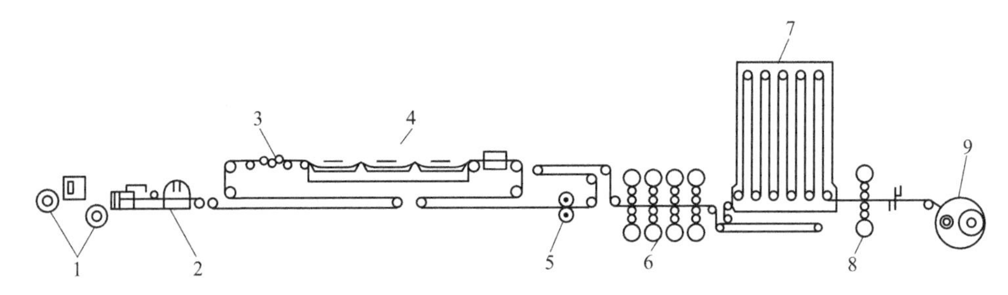

图 1-2　酸洗—连轧—退火全联合式全连续轧机

1—开卷机；2—焊机；3—破鳞机；4—酸洗段；5—剪边机；
6—连轧机；7—连续退火炉；8—平整机；9—卷取机

1.1.3　双机架可逆冷连轧机组

近年来，由于热轧带钢成品厚度的不断减薄，加上薄板坯连铸连轧年产量仅 80 万~150 万吨，与其相配的冷轧机的结构发生了很大的变化。传统的五机架冷连轧对 1.2~1.5mm 的热带钢原料来说，设备能力过于富裕，同时，五机架冷连轧对薄板坯连铸连轧来说，产量亦显得过大。而随着强力冷轧机（主电机功率及压下能力加大的冷轧机）的发展，单机架可逆冷轧及双机架可逆冷连轧有了发展空间。

在对单机架四辊可逆式冷轧机不断进行改进、提高、完善的同时，也发展了双机架四辊可逆式冷连轧机，又称紧凑式可逆冷轧机（CCM，Compact Cold Mill）。它具有占地少、节省设备的优点，1 台双机架紧凑式可逆冷轧机的占地面积几乎与 1 台单机架冷轧机占地面积相当。与 2 台单机架轧机比较，可以减少 1 台开卷机、2 台卷取机及相应的电气设备，并可减少操作人员。但在操作上，

1台双机架轧机不如2台单机架轧机灵活；而且就目前设计产量上看，1台双机架轧机为90万~100万吨，而1台单机架轧机也高达80万~90万吨，两者各有其特点。

2004年，国内第一条高水平双机架可逆冷连轧机落户济钢，其主传动电机功率达6000W，最大轧制力22MN，1.8~5.0mm热轧带卷只采用3个道次就可轧到0.3~2.5mm的冷轧成品，年产量可达100万吨。

从年产量来看，冷连轧机组大于双机架可逆冷连轧机组，双机架可逆冷连轧机组大于单机架可逆冷轧机组；从生产组织灵活性来看，单机架可逆冷轧机组优于双机架可逆冷连轧机组，双机架可逆冷连轧机组优于冷连轧机组。因此，可逆冷轧机组在国内外中小钢铁企业有着广阔的应用前景。另外，双机架可逆冷连轧机的板形控制有以下优点：

（1）可逆轧机每个道次都可以使用平直度测量装置进行反馈控制。因此能很好地保持每个道次的相对凸度与来料相对凸度恒等。

（2）由于投入反馈控制后保证了平直度，因此可利用反馈控制后的弯辊、窜辊参数对板形设定进行自适应以用于下一道次，并可通过模型自学习以保存有用的信息用于下一卷钢。

（3）双机架凸度设定模型亦会比五机架更容易保证出口厚度的恒等，加上每两道即可进行一次平直度反馈控制使板形质量更容易保证。

（4）由于机架两侧都设置了分段冷却装置，因而加强了板形控制能力。

1.2 典型双机架可逆冷连轧机组介绍

双机架可逆冷连轧机组是将两台可逆冷轧机串列式布置，可以作为冷轧机组、二次冷轧兼平整机组使用，可根据功能要求、产品定位和轧制工艺需求配备轧机形式，目前的主流机型以四辊和六辊轧机为主，有薄规格产品生产要求的也可选择配置多辊轧机。

1.2.1 双机架四辊可逆冷连轧机组

1.2.1.1 代表性机组简介

济钢冷轧厂的四辊CVC（Continuous Variable Crown）双机架可逆冷连轧机组由德国西门子·德马克（SMS-Demag）公司设计制造，是目前国内高水平的双机架可逆冷连轧机之一，其检测仪表配置齐全，灵活的实现了2、4、6、8道次的轧制，更能满足小批量、多规格的市场发展要求。

济钢建成投产的CCM机组年设计生产能力为83.2万吨，产品有20.7万吨热镀锌卷，42.5万吨退火卷，20万吨冷硬卷。原料材质为低碳软钢、高强度钢、高强度低合金钢酸洗卷，厚度为1.8~5.0mm、宽度为900~1650mm。冷轧后成品钢卷带钢厚度为0.3～2.5mm、宽度900～1650mm，钢卷重量最大可达35吨。该套轧机结构紧凑，开卷机中心线到轧机出口2号卷取机中心线距离仅为17600mm，入口、出口卷取机均可卸卷，主电机功率6000kW。该机组的工艺布置如图1-3所示，在CCM轧机入口侧配有1套可逆式卷取机和1套开卷机，在轧机的出口侧配有另1套可逆式卷取机。线上配置了3个测厚仪，3套激光测速仪、3个张力辊、1套平直度测量仪，以及各种传感器、光电开关、接触开关、限位开关等检查设备，用以实现过程的自动控制。

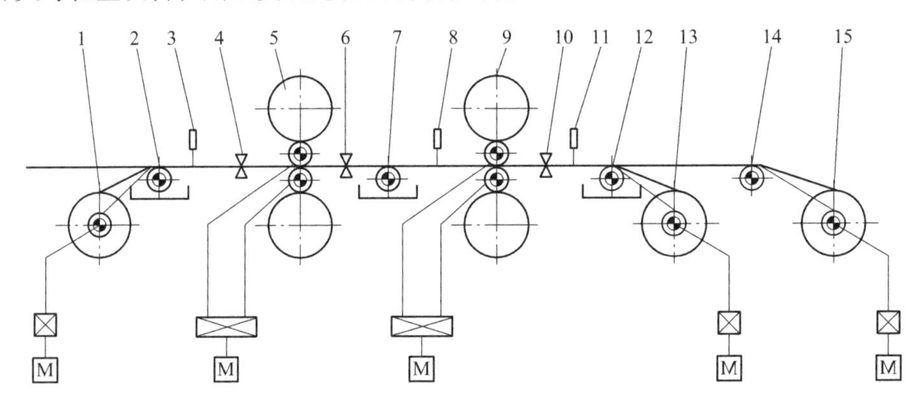

图1-3　双机架四辊可逆冷连轧机组工艺布置图

1—2号卷取机；2，7，12，14—张力测量仪；3，8，11—激光测量仪；
4，6，10—测厚仪；5—2号轧机；9—1号轧机；13—1号卷取机；15—开卷机

机组工艺控制系统包括液压辊缝调节系统、厚度控制系统（GCS）、平直度控制系统（FCS）和张力控制系统（TEN）。液压调节系统包括位置控制、倾斜控制、工作辊弯辊控制、工作辊窜辊控制。机组还采用了先进的厚度控制系统，系统包括目标控制、厚度前馈控制（FFC）、厚度反馈控制（FBC）和秒流量控制（VFC），以保证厚度精度满足±1%的控制要求。平直度控制系统包括CVC窜辊、工作辊正负弯辊、辊系倾斜控制和多区冷却控制功能，配有板形仪，实现了闭环控制。轧机具备自动上卷、自动穿带、自动轧钢、自动甩尾、反向自动穿带和自动卸卷功能。

1.2.1.2　生产工艺过程

入口步进梁接收并运送由桥式吊运来的酸洗卷，在步进梁最后一个卷位上调整带头并测量钢卷直径和宽度，然后由钢卷车运送钢卷到开卷机上卷，由测控对中系统将带卷对中后胀紧。

带钢从开卷机到2号卷取机穿带时，1号、2号轧机打开6～12mm辊缝。带钢头部从打开的辊缝穿入2号卷取机卷筒的钳口内。位移传感器（HGC）开始对辊缝位置进行位置调整，工作辊弯辊（WRB）用固定平衡力进行压力控制，

CVC 工作辊窜辊在轧机校准位置进行位置锁定。

穿带完成后，辊缝压下至一个预定轧制力（600~1000kN），开卷机和 2 号卷取机建立张力，乳化液系统开启。

在第 1 道次轧制时，厚度和板形控制机构在各个轧制模式下进行相应的控制工作。在第 1 道次结束时，由操作者或速度控制系统自动降低速度，当速度低于控制系统设定的最小速度时，厚度控制装置关闭，两个机架处于轧制力控制模式，保持恒定轧制力。当带钢离开开卷机甩尾时，1 号轧机入口侧的压带机压住带钢，轧制力降到一个恒定甩尾值两轧机工作辊弯辊系统（WRB）通过一个恒定平衡力进行压力控制，工作辊窜动系统（CVC）在最后过程进行位置控制。带钢尾部到达平直度测量辊时，轧机停止。轧机停止后，轧机辊缝打开一个固定值，1 号卷取机卷筒的钳口打开以便接收带钢头部。由操作工操作将带钢穿入 1 号卷取机卷筒的钳口并夹紧。在卷筒固定住带钢后，轧机开始进行逆向轧制。在最后道次，由操作者操作，开卷机进行下一个钢卷开卷穿带的准备工作。

在最后道次结束时，通过监测 2 号卷取机卷筒上带钢缠绕的圈数，自动减速。当速度小于系统控制的设定值时，辊缝控制装置关闭，两轧机处于甩尾时设定的轧制力下工作。轧机低速运行，带钢尾部自动定位 1 号卷取机卷筒上，轧机停止。由钢卷运输车卸卷并运送钢卷到称重装置，称重打捆后由出口步进梁将钢卷运走。

1.2.1.3　主要技术参数

表 1-1 为双机架四辊可逆冷连轧机组的相关技术参数。

表 1-1　双机架四辊可逆冷连轧机组技术参数

类型	项　目	参　数
轧机参数	工作辊尺寸/mm×mm	ϕ400~450×1950
	支撑辊尺寸/mm×mm	ϕ1150~1250×1750
	CVC 横移位置/mm	±100
	工作辊弯辊力/kN	-350~450
传动参数	主传动功率/kW	6000
	卷取机（2 台）功率/kW	2×3550
	开卷机（1 台）功率/kW	1040
工艺参数	轧制速度/m·min^{-1}	~1350
	轧制力/kN	22000
	轧制力矩/kN·m	135
	开卷张力/kN	8~96
	卷取张力/kN	12.5~150

续表 1-1

类型	项　　目	参　　数
轧件参数	带材宽度/mm	900~1650
	带材入口厚度/mm	1.8~5.0
	带材出口厚度/mm	0.3~2.5
	带卷直径/mm	ϕ1100~2200
	钢卷重量/t	35

1.2.2 双机架六辊可逆冷连轧机组

1.2.2.1 代表性机组简介

薄板及带钢的生产技术是钢铁工业发展水平的一个重要标志。薄钢板除了供汽车、农机、化工、食品罐头、建筑、电器等工业使用外，还与日常生活有直接关系，如家用电冰箱、洗衣机、电视机等都需要薄钢板。鄂钢并入武钢后，武钢为加大产品结构调整，加大板带比，跟上板材产品发展的主流趋势，在鄂钢投资兴建了1500mm双机架可逆冷连轧机组，轧机为六辊HC（High Crown）轧机。该机组的主要坯料带卷厚度为1.5~5mm，成品带卷厚度为0.25~2mm，辊面宽度为1500mm，钢卷重达28.6t。该双机架可逆冷连轧机主要设备配置和检测仪表如图1-4所示。

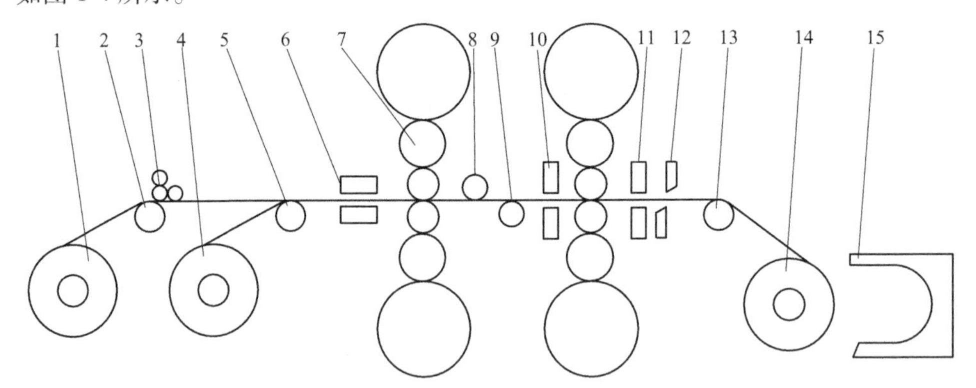

图 1-4 双机架六辊可逆冷连轧机组工艺布置

1—开卷机；2，5—转向夹送辊；3—开头机；4—机前卷取机；6—机前压紧台；7—主机列；8—挡辊；9—测张辊；10—测速仪；11—测厚仪；12—液压剪；13—机后转向夹送辊；14—机后卷取机；15—皮带助卷器

机组全部通过PLC实现自动控制，并采用现场总线构成全机组网络系统；主操作台设有人机界面，完成动态画面显示、轧制工艺参数设定、故障报警和打印报表；开卷机可自动上卷，设有高度和宽度对中，开卷机具有CPC自动对中

功能；机组采用全数字交流变频传动，两个工作辊由一台电机传动；轧机采用全液压压下，具有液压 AGC 自动控制，具备恒辊缝位置控制和恒压力控制及倾斜调整控制功能；具有轧辊分段冷却控制和乳化液流量控制功能、工作辊正负弯辊功能、中间辊横移及正弯辊等板形控制功能；配置了工作辊、中间辊快速换辊；机组速度张力自动控制；具有断带保护、事故报警、工作辊准停、卷取机钳口位置准停功能；工作辊、中间辊和支撑辊等轴承均采用油气润滑；采用 X 射线测厚仪、激光测速仪；采用张力计测量带钢张力。

1.2.2.2 生产工艺过程

经酸洗处理后的热轧钢卷用行车吊运到入口钢卷存放台上。上卷小车在入口钢卷存放台接卷，并运送至开卷机。在运卷过程中，实现钢卷高度和宽度对中。带头经过夹送辊到达 3 辊直头机。根据工艺的需要，直头机对带钢头尾进行矫直，便于穿带。根据来料卷的状况，可以在直头机后设置切头切尾剪，带材经过入口偏转夹送辊、1 号压紧辊、1 号六辊冷轧、张力计辊、2 号六辊冷轧机、2 号压紧辊、出口偏转夹送辊后，出口偏转夹送辊动作协助将带头送入出口卷取机钳口或通过皮带助卷器完成带头在卷筒上的头几圈缠绕、穿带过程结束。在穿带过程中，各夹送辊、压紧辊上辊抬起，轧机机前压板处于最大开口度，侧导板已调整好宽度，引导带钢对中前进，测张辊处于非工作位置。当穿带完毕后，开卷机与 1 号轧机之间、1 号轧机与 2 号轧机之间、2 号轧机与卷取机之间带钢产生张力。

带尾即将离开开卷机卷筒时，轧机降速进入甩尾阶段，当带尾剩余长度小于带尾不轧制长度时，轧机降速至零，完成第一个道次的轧制。第一道次完成后，入口偏转夹送辊动作，直头机后活动导板抬起，带尾落到伸缩导板台上，伸缩导板引导带尾进入入口卷取机钳口。六辊轧机反转，带钢卷取几圈，形成张力后，轧机升速，进行第 2 道次的轧制。此时，出口卷取机相当于开卷机，如此重复进行以后各道次的轧制，直到达到工艺要求的成品带钢厚度。

最后一个道次完成后，布置在出口侧的分段剪动作切断带钢。两台卷取机同时卷取，根据工艺要求，在入口侧（或出口侧）卸成品卷，在出口侧（或入口侧）卸尾卷。此时，下一卷已开卷完毕，带头停在直头机后的活动导板上，处于等待进入轧制状态。其流程图概括如下：

行车上料→入口钢卷存放台（或步进梁）上卷小车→带压辊的开卷机→带铲刀的活动穿带台→夹送开头机→固定导板→活动导板→入口偏转夹送辊→入口测厚仪→1 号压紧辊→1 号六辊可逆轧机→张力计辊→2 号六辊可逆轧机→2 号压紧辊→出口测厚仪→液压切断剪→带张力测量的出口转向夹送辊或板形仪→带铲刀的活动穿带台→2 号张力卷取机→2 号卸卷车→出口固定鞍座（或步进梁，称重、打捆）→行车下料→至成品库。

1.2.2.3　主要技术参数

表 1-2 为双机架六辊可逆冷连轧机组主要技术参数。

表 1-2　双机架六辊可逆冷连轧机组主要技术参数

类型	项　目	参　数
轧机参数	工作辊尺寸/mm×mm	（ϕ425～385）×1500
	中间辊尺寸/mm×mm	（ϕ490～440）×1530
	支撑辊尺寸/mm×mm	（ϕ1300～1150）×1500
	工作辊弯辊力/kN	−360～+180
	中间辊弯辊力/kN	500
	中间辊横移量/mm	±400
传动参数	主传动（支撑辊）功率/ kW	5500
	卷取机（2 台）功率/kW	3000
	开卷机（1 台）功率/kW	700
工艺参数	轧制速度/m · min^{-1}	约 1200
	轧制力/kN	20000
	轧制力矩/kN · m	200
	开卷张力/kN	7～65
	卷取张力	约 140
轧件参数	带材宽度/mm	800～1350
	带钢入口厚度/mm	1. 5～5. 0
	带钢出口厚度/mm	0. 25～2. 0
	钢卷直径/mm	ϕ1000～2080
	钢卷重量/t	≤28. 6

1.2.3　双机架十二辊可逆冷连轧机组

1.2.3.1　代表性机组简介

十二辊轧机各辊系包括位于相应工作辊外侧各层支撑辊，工作辊和相应外侧各层支撑辊安置成塔形结构，在包括多于两个支撑辊的同一层支撑辊中，位于外侧的支撑辊的直径大于位于内侧的支撑辊的直径。十二辊轧机具有如下特点：

（1）采用小直径工作辊，则轧制压力也小，可增加道次加工率，减少轧制道次，不经中间退火即可轧制硬而薄的难变形材料。在相同道次压下量时，其轧制压力仅为四辊轧机的三分之一，降低了能耗。

（2）机架采用整体铸钢，轧机纵向和横向都有极大的刚性；轧辊的挠度非常小，工作辊能承受很大的轧制力和水平张力，防止类似四辊轧机细长工作辊的侧弯。配合特殊的辊形控制装置，能够轧制出厚度和平直度精度很高的薄带材。

（3）轧机开口度大，因而穿带、处理事故能力大大增强，换辊方便，提高作业率，轧制成本低，仅为四辊轧机的40%~80%。

（4）1-2-3塔形辊系，设计上参照国外现有技术并根据买方实际需求专门设计，最外层支撑辊为分段式多点支撑背衬轴承辊。采用上下剖分式辊箱和整体机架结构，并设有液压平衡。双机架十二辊可逆式冷轧机具有生产规模小、投资少、品种规格变换快而批量小的特点，使它在服务个性化用户的需求上，特别是一些高附加值产品上，优越性很明显。

昆钢1400mm十二辊双机架可逆冷连轧机组，于2006年试车成功，之后试轧了Q195、Q235、08A1、SPCC等一些热轧带卷，坯料厚度2.75~4mm，宽度1000~1275mm，主要成品厚度0.25~0.5mm，成品厚度偏差均小于±0.005mm，板形良好，机组最高轧制速度10m/s，最高产量15万吨/年。

主轧机、左右卷取机和开卷机采用直流电机驱动；供电及控制单元，采用全数字传动控制器。液压推上油缸控制阀采用两级伺服阀，板形控制油缸、中间辊抽动油缸均采用伺服阀；AGC系统采用PLC控制，系统配置了测厚仪和激光测速仪，构成一套完整独立的系统，具有辊缝控制、压力控制和厚度控制等功能。轧机基础自动化系统采用PLC控制，在主操作台配备工控机操作站，提供人机界面的各项功能；控制系统以工业通讯网络技术为基础，将各控制单元连接为分布式的一体化控制系统，进行快速数据交换。轧机具有速度闭环、张力闭环、厚度预控、监控、秒流量控制等功能；具有自动上卷、自动穿带、开卷自动对中功能；具有过载保护、断带保护、准确停车等安全保护功能；具有操作及监控显示系统和故障诊断、报警系统；在轧制过程参数显示的同时，还可以用趋势曲线实时显示轧机的速度、轧制压力、辊缝、张力、厚度等工艺参数的变化趋势。

如图1-5所示为十二辊双机架可逆冷连轧机布置图。

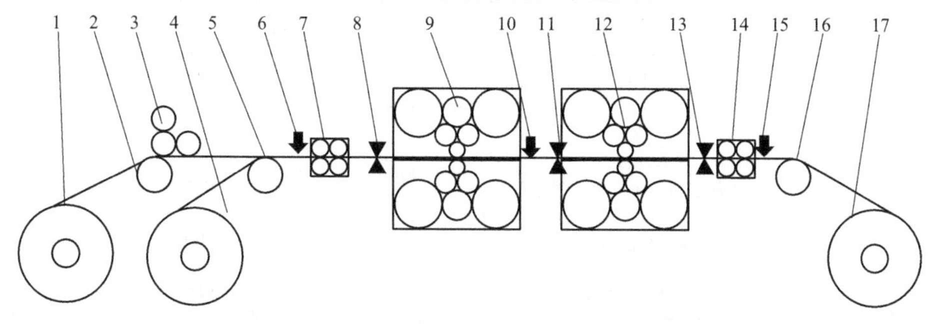

图1-5 十二辊双机架可逆冷连轧机组布置图

1—开卷机；2—导向辊；3—直头机；4—2号卷取机；5，16—板形仪；6，10，15—激光测速仪；7，14—除油装置；8，11，13—测厚仪；9—1号轧机；12—2号轧机；17—1号卷取机

1.2.3.2　生产工艺过程

经过酸洗程序处理后的钢卷，通过天车将钢卷从储料架上吊到轧机配备的上料车上，钢卷被上料小车运送到开卷机上，在运送的过程对钢卷的高度和宽度进行矫正对中处理。带头到达直头机，直头机对带钢的头尾进行矫直，便于穿带操作。在带材经过垂直导卫对中装置，在此处进行带材的对中处理，以免带材发生跑偏造成的板形不良问题，通过带材对中后，带材则会经过张力辊和侧厚仪，对入口带材的厚度和加工时的张力进行测量，然后带材经过 1 号机架、2 号机架、测厚仪，对带材轧制出口的厚度进行测量，紧接着带材就经过除油机，将带材上残留的轧制油进行去油处理，在到达卷取机之前还要经过一次张力辊，便于生产过程中的张力控制，然后到达卷取机。在穿带完成后带材之间就存在张力，张力通过张力辊测量，通过开卷机、卷取机和轧机之间的速度进行调节。

在完成最后一道次轧制后，钢卷被卸料小车从卷取机上卸下，然后经行车将钢卷从卸料小车上吊到储物架上，最后将成品钢带卷进行打包、称重最后入库。

该生产线的工艺流程为：天车→储料架→上卷小车→开卷机→直头机→垂直导卫对中→张力辊→测厚仪→1 号机架→2 号机架→测厚仪→除油机→张力辊→卷取机→经合理道次轧制→卷取机→卸卷小车→储料架→打包→称重→入库。

1.2.3.3　主要技术参数

表 1-3 为双机架十二辊可逆冷连轧机组主要技术参数。

表 1-3　双机架十二辊可逆冷连轧机组主要技术参数

类型	项　目	参　数
轧机	支撑辊尺寸/mm	ϕ300～520
	中间辊尺寸/mm	ϕ205～215
	工作辊尺寸/mm×mm	（ϕ115～125）×1400
传动	主传动（支撑辊）功率/kW	2×1500
	卷取机（2 台）功率/kW	2×1100
	开卷机（1 台）功率/kW	400
工艺	轧制速度/m · min^{-1}	0～600
	轧制力/kN	8000
	带钢张力（两边）/kN	20～250
	中间辊窜辊距离（轴向）/mm	±75

续表 1-3

类型	项　目	参　数
轧件	带钢宽度/mm	900~1250
	带钢入口厚度/mm	≤4.0
	带钢出口厚度/mm	≥0.25
	钢卷直径/mm	ϕ2000
	钢卷重量/t	25.0

1.3 双机架可逆冷连轧机组控制系统

1.3.1 典型控制系统

某厂双机架可逆冷连轧机组的计算机控制系统共分为三级，分别为 L3（三级）生产计划级、L2（二级）过程自动化级和 L1（一级）基础自动化级。L1 系统、L2 系统以及 L3 系统内部及系统之间全部通过以太网进行数据交换。L2 服务器和 HMI 服务器通过第 2 网卡直接连接到 L1 级网络上获取实时数据。L1 基础自动化级通过 Profibus DP 总线及 Sefety Bus 与现场设备连接。整个计算机控制系统的网络结构示意图如图 1-6 所示。

L3 生产计划级主要由 1 台服务器、一套配有 1 个热备硬盘的 Raid 存储系统和 1 台 PC 开发机组成。主要用于生产管理与质量控制，具体任务是根据实际情况编排生产计划、确定轧制计划、录入轧制带卷的 PDI 数据、原料库管理、成品库管理、磨辊管理以及统计分析轧制后产品的质量情况等。L2 过程自动化级主要由 1 台服务器、一套配有 1 个热备硬盘的 Raid 存储系统和 1 台 PC 开发机组成。操作系统采用 Windows2000 Server 版，开发语言为 C++，采用 MS 开发平台，数据库采用 Oracle。

另外，过程控制系统设置两台终端，实现 L2 的画面显示和操作功能，其中一台 HMI 放置在轧机操作室，用于输入、检查轧辊数据及选择轧制规程，一台放置在电气室，用于显示轧制规程和设定数据等。其主要功能包括轧制规程的设定计算、轧制速度的设定计算、辊缝的设定计算、张力的设定、目标板形曲线的设定、乳化液流量的设定、弯辊力和横移位置的设定计算、工作辊热凸度和磨损的动态计算、数学模型的自适应和自学习、采样数据的获得和处理、HMI 信息管理、数据报表、同轧机 1 级和 3 级间的数据交换以及同酸洗线和罩式退火炉 2 级间的数据交换等。

L1 基础自动化级分为三部分：TCS（Technology Control System）系统、PLC 辅助控制系统和 HMI 人机界面。TCS 采用基于 VME 标准总线的硬件系统，CPU

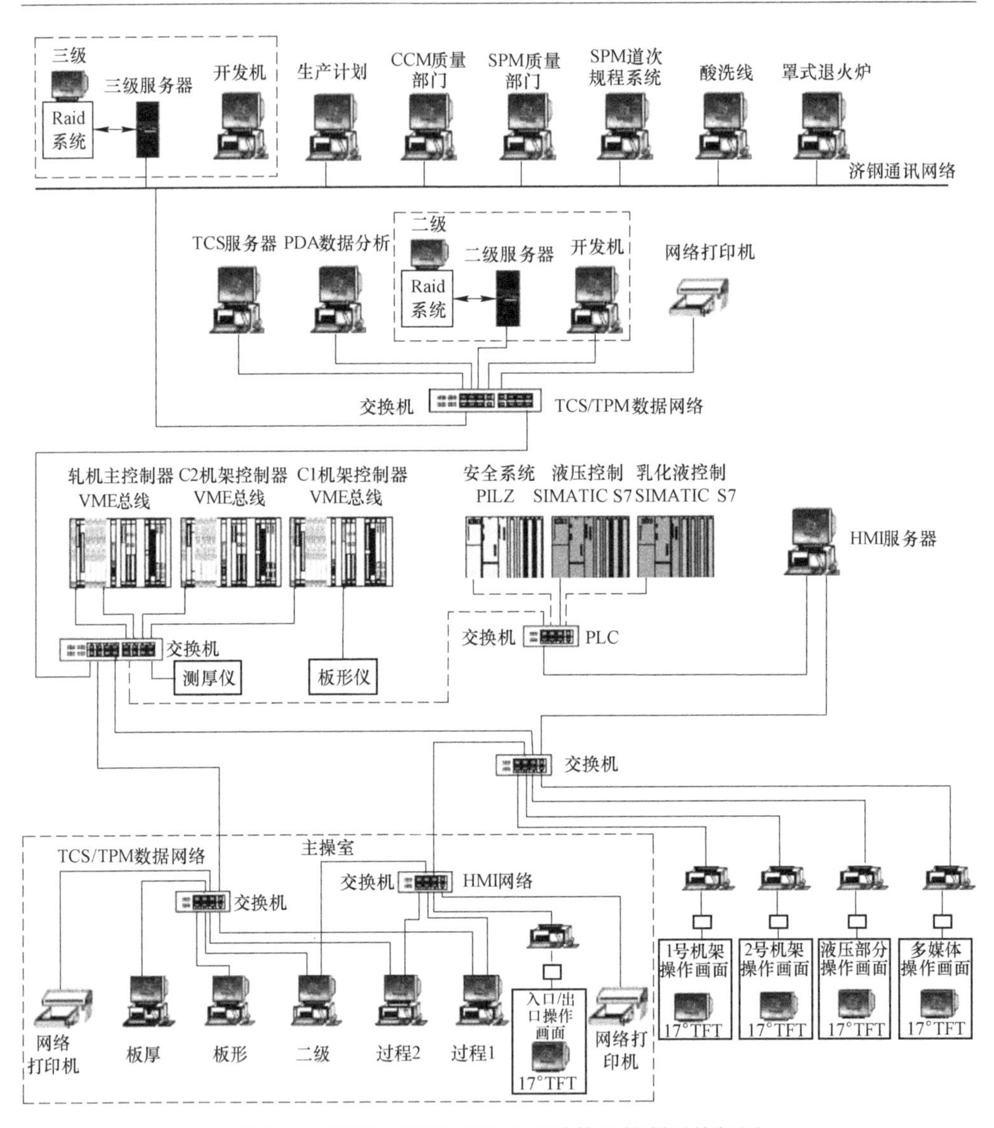

图 1-6　双机架可逆冷连轧机组计算机控制系统框图

采用 Pentium®系列 PC 处理器，操作平台为具有高实时控制性能的 VxWorks 操作系统，应用软件采用运行于 Microsoft Windows 2000 下的图形化编辑软件 LogiCad。TCS 系统包括 3 台基于 VME 总线的高速高性能多 CPU 控制器，其中 1 台为主控制器（MM，Mill Master），其余 2 台控制器（C1 和 C2）负责 2 个机架的控制，3 台控制器之间采用高速光纤环网完成控制器间数据的高速交换，控制器内部 CPU 之间采用高速共享内存进行数据交换。PLC 辅助控制系统由 2 台 S7-400PLC 和 1 台 Pilz 安全 PLC 组成，2 台 S7-400PLC 分别控制液压和乳化液系统，安全 PLC 控制整个轧机的设备安全。轧机操作室内共有 5 台 HMI，其中 4 台分别用于显示厚度、平直度、二级设定数据和轧制状态，1 台用于实现系统对话的操作和监控。L1 基础自动化级配备了 1 台 TCS 服务器和 1 台用于数据采集的计算机 IBA Analyzer。

1.3.2 厚度控制

厚度自动控制是通过测厚仪或传感器（如辊缝仪和压头等）对带钢实际轧出厚度进行连续的测量，并根据实测值与给定值相比较后的偏差信号，借助于控制回路和装置或计算机的功能程序，改变压下位置、轧制压力、张力、轧制速度或金属秒流量等，把厚度控制在允许偏差范围之内的方法。将制品的厚度自动控制在一定尺寸范围内的系统称为厚度自动控制系统，简称为 AGC。

根据轧制过程中控制信息流动和作用情况不同，厚度自动控制系统可分为前馈式、反馈式、监控式、张力式、秒流量式等。

1.3.2.1 前馈 AGC

前馈 AGC 是根据入口测厚仪测出的厚度偏差，控制液压压下系统改变辊缝来消除厚度偏差，见式（1-1），因为安装在入口的测厚仪和轧机之间存在一定的距离，因此要把测厚仪的偏差信号送入移位寄存器的跟踪表内，以便保证液压压下时和目标控制位置一致。

$$\Delta S = \frac{Q}{K}(1 + \alpha) G \Delta H \tag{1-1}$$

式中 ΔS——辊缝调整值，mm；

Q——带钢塑性系数，N/mm；

K——轧机弹性模量，N/mm；

α——补偿系数；

G——增益值；

ΔH——厚度偏差，mm。

前馈控制的优点是可提前控制，可完全去掉信号检测和机构动作所产生的滞后，但因属于开环控制，不能保证轧出厚度精度，因此前馈应和反馈及监控 AGC 相结合使用。

1.3.2.2 反馈 AGC

厚度自动控制的基本原理用压下位置闭环控制和轧制压力变化补偿的办法，是可以进行压下位置调节的，但是它不能消除轧辊磨损、轧辊热膨胀对空载辊缝的影响以及位移传感器与测压仪元件本身误差对轧出厚度的影响。为了消除上述因素的影响，必须采用反馈式厚度自动控制才能实现。

反馈 AGC 是对出口厚度差加以监测并反馈回去进行控制。这种控制方法能使厚度偏差逐步减小，但是由于其存在滞后，因此控制效果会受到影响。使用测厚仪进行反馈控制，延迟比较大，尤其在低速轧制时从辊缝运行到测厚仪需要几百毫秒，过多的滞后会使自动控制系统变得极其不稳定。由于以上原因而使用间接的方法来进行控制，即使用弹跳方程对变形区出口厚度进行检测，然后再进行反馈控制。这样大大减少了滞后，可是由于弹跳方程精度不高，即使增加轴承厚度变化的补偿等措施也不能保证精度。

$$\Delta S = \Delta h_1 \times \left(1 + \frac{G}{K}\right) \tag{1-2}$$

式中 ΔS——辊缝的调整值，mm；

K——轧机的弹性模量，N/mm；

G——带钢塑性刚度系数，N/mm；

Δh_1——出口厚度的偏差，mm。

该控制方法的缺点是，因检测出的厚度变化量与辊缝的控制量不是在同一时间内发生的，所以实际轧出厚度的波动不能得到及时反映，结果使整个厚度控制系统的操作有一定的滞后性。

1.3.2.3 监控 AGC

监控 AGC 是通过对出口测厚仪信号积分，以实测带钢厚度与设定值比较求得厚度偏差总的趋势（偏厚或偏薄），然后用此总的趋势来控制液压压下系统，调节辊缝，达到消除厚度偏差的目的。通过出口测厚仪进行控制时，存在控制时间的延迟，为克服滞后，监控 AGC 使用了厚度预测器（秒流量控制器），使用秒流量相等的原则去计算和补偿出口厚度偏差值，缩短监控系统的控制周期。

1.3.2.4 张力 AGC

冷轧机组张力 AGC 是利用改变机架前后张力对带钢的塑性系数进行改变的方法，实现对带钢厚度的控制。机组张力控制精度是冷轧钢板质量好坏的重要环节，是通过速度差实现的。在冷轧不断带的情况下，张力值越大，成品板形越好，对轧机的损耗越小。

冷轧带钢，特别是后面机架，带钢越来越薄及越来越硬，因而其塑性变形越来越难，亦即其 Q 值越来越大，因而使压下效率越来越小。

$$\delta S = \frac{C + Q}{C}\delta h = K\delta h \tag{1-3}$$

式中 K——压下效率。

当 Q 远远大于 C 时，为了消除一个很小的厚差需移动很大的 δS。

采用液压压下后由于其动作快使这一点得到一定的补偿，但对于较硬的钢种，轧制较薄的产品时精调 AGC 还是要借助于张力 AGC。当然张力 AGC 有一定限制，当张力过大时需移动液压压下使张力回到极限范围内以免拉窄甚至拉断带钢。

双机架可逆冷连轧机的张力控制是通过现场总线把 3 台张力计测得的结果传送到 PLC，与生产工艺大纲的设定张力值进行比较，差值进行运算，反馈出各相关机构的速度值，通过现场总线传送到各相关电机的驱动器进行调节。在第一架轧机前和第二架轧机后的张力控制是通过张力卷取机实现的。机架间的张力控制通过两种方法来实现。

第一种：机架间张力是通过改变相应上游机架的速度实现的。通过速度的张力控制是当压下量非常小的情况下，由于轧制力很小和有限的操作范围通过辊缝不能实现张力控制。机架间的张力是通过张力计测量的，测量的张力和张力设定值进行比较，偏差送到张力控制器，张力控制器的输出转换成速度调整量，此速度调整量对上游的机架进行加速或减速。如果机架间的张力太低，上游机架的速度降低，如果机架间的张力太高，增加上游机架的速度。

第二种：改变机架间的张力是通过相应的下游的辊缝位置或轧制力。通过下游的辊缝控制张力效果较快、更精确，与通过改变速度控制张力比较，其对带钢厚度的影响更小。因此，优先采用此方法进行张力控制。机架间的张力通过一个张力计进行检测。检测值与设定值进行比较，偏差送到张力控制器，张力控制器的输出通过厚度、速度和带材数据转换成轧制力的调整量，此轧制力的调整量打开或闭合下游机架的辊缝，如果机架间的张力太低，下游机架的辊缝打开，如果机架间的张力太高，下游机架的辊缝闭合。

1.3.2.5 秒流量 AGC

秒流量控制器是通过史密斯预估器实现的。史密斯预估器的基本原理是估算带钢在离开辊缝时的精确的那一时刻的厚度，所估算的刚刚离开的带材的厚度与出口厚度参考值进行比较，任何偏差前馈到控制器，没有必要等待轧件从辊缝行进到测厚仪进行第一次的实际厚度和参考厚度的比较。厚度估计值是按照秒流量等式估计的，具有很高的精度。秒流量控制器是结构化的并可以调整，就像是在辊缝处直接放置了厚度测量仪似的。实际带钢厚度和设定值在出口测厚仪处的比较被减少到测量小的估计误差，因此厚度偏差的估计部分被跟踪到出口厚度仪。在出口测厚仪处，此偏差的估计部分减去任何剩余的厚度偏差，因为估计的部分已经被送到秒流量控制器。最后，估计的偏差经过过滤送到秒流量控制器。对于厚度的估计，入口厚度必须跟踪到辊缝。为了最精确的跟踪，入口测厚仪的响应时间和带钢从入口测厚仪到辊缝的行进时间也考虑在内。速度信号是实时测量的，不必进行跟踪。由于带钢通过机架轧制时，带钢在横面上的延展率非常小，近似为“零”。

1 号机架和 2 号机架均使用了秒流量控制的预测功能，以 1 号机架为例，见式（1-4）。精确速度依靠安装在各个机架前后的激光测速仪测量提供。

$$\Delta h_1 = \frac{V_0}{V}(H_0 + \Delta h_0) - H_1 \tag{1-4}$$

式中　Δh_1——1 号机架预测厚度偏差，mm；

V_0——入口侧带钢速度，m/s；

V——出口侧带钢速度，m/s；

H_0——入口侧带钢厚度的设定值，mm；

Δh_0——入口侧厚度偏差，mm；

H_1——出口侧带钢厚度的设定值，mm。

预测厚度偏差 Δh_1，可通过调整 1 号机架的辊缝或前一级的速度消除。对于 2 号机架在最后一个道次时，有两种厚度控制模式以供选择：优化厚度控制的质量模式和优化板形控制的表面模式。无论是选择质量模式还是表面模式，在秒流量控制方法上又有两种情况以供选择：传统的秒流量控制和高级的秒流量控制。

1.3.2.6　厚度补偿控制

A　偏心补偿

1 号机架设置了偏心补偿，轧辊偏心将明显反映在轧制压力信号和测厚仪信号中，必须去除。偏心补偿就是通过快速傅里叶变换（FFT）技术将轧制压力信号分解成两部分，提取出偏心信息（REC），利用初相角修正及偏心提取后加以反向的方法进行消除。偏心补偿输入的模拟信号包含轧制力测量值、出口厚度测量值、上下工作辊速度，输入前必须经过信号滤波处理。

B　加减速补偿

带钢轧制速度的变化会引起轧辊和带钢之间的摩擦系数随着速度的升高而降低，油膜轴承厚度随着速度的升高而加大，同时在加减速过程中机架间张力控制精度降低，动态张力波动大，使轧制力波动而增大厚差，因此可逆轧机还设置了加减速补偿。其原理是采集了速度值和对应的轧制力，得出二者的对应关系，进而计算出辊缝的补偿量，用于加减速时的厚度控制。具体解决方法为：穿带时在张力设定值上加一个附加张力并随升速而逐步撤销或升速时逐步上抬辊缝。

1.3.3　板形控制

1.3.3.1　板形前馈控制

在实际轧制生产过程中，来料的厚度在一块钢坯或一卷钢卷内的不同位置并不是绝对恒定的，总有微小的变化存在。在厚度自动控制中，为保证出口带材的厚度恒定，压下量也要发生微小的变化，这就导致轧制力在一卷带材轧制过程中也会发生波动。轧制力的波动，必然会引起轧辊弹性变形的变化，进而引起辊缝发生变化，最终会影响到带材的板形。

在轧制过程中，轧制力、热凸度等实时变化的轧制工艺参数，对板形有很大影响。对于热轧来说，这些工艺参数主要包括轧制力和轧辊热凸度；对于冷轧来说，主要是轧制力。这些轧制工艺参数在轧制过程中，有的可以直接测出，有的可以通过间接测量然后计算得到。因此可以通过对这些实时测量的轧制工艺参数建立前馈控制，主动干预板形控制，提高板形控制的精度水平和响应速度，这就是板形前馈控制的功能。

1.3.3.2 板形反馈控制

板形反馈控制是在稳定轧制工作条件下，以板形仪实测的板形信号为反馈信息，计算实际板形与目标板形的偏差，并通过反馈计算模型分析计算消除这些偏差所需的板形调控手段的调节量，然后不断地对轧机的各板形调节机构发出调节指令，使轧机能对轧制中带材的板形进行连续的、动态的、实时的调节，最终使板带产品的板形达到稳定、良好。

板形反馈控制的目的是为了消除板形实测值与板形目标曲线之间的偏差。投入反馈控制的前提条件是有准确的板形实测信号，因此与设定控制不同，反馈控制必须有板形测量装置。

板形反馈控制是板形控制的重要组成部分，其控制精度直接影响到实物板形质量，热连轧机的反馈控制，主要是根据精轧出口处的板形测量仪的实测结果，反馈调整最后一个或几个机架的弯辊力，达到保证带钢平直的目的。冷连轧机的闭环反馈控制，一般在最末机架安装板形测量辊，与最末机架形成闭环反馈，有的轧机在第一机架也装有板形测量辊和反馈系统。

1.3.3.3 板形控制技术

（1）压下倾斜技术。压下倾斜技术的原理是对轧机两侧的压下装置进行同步控制，通过增大或减小一侧的压下量，同时使得另一侧的压下量减小或者增大，从而使辊缝的形状呈楔形以消除带钢出现的单边浪缺陷。压下倾斜具有结构简单、操作方便和响应速度快等特点，且能消除其他控制手段难以消除的单边浪缺陷，因此现代冷轧机均具备压下倾斜功能。

（2）液压弯辊技术。液压弯辊技术是改善板形最有效和最基本的方法。该技术出现于20世纪60年代，其原理是通过向工作辊或支撑辊辊颈施加液压弯辊力，以瞬时改变承载辊缝形状，达到改善板形的目的。根据弯辊力施加部位的不同，液压弯辊可以分为工作辊弯曲、中间辊弯曲和支撑辊弯曲等方式，每种方式又有正弯曲和负弯曲之分。其主要特点是使用灵活，响应速度快，适用于在线调整，是板带轧机调整板形的最基本手段。然而，单独靠弯辊力控制板形，其能力是有限的，这主要表现在以下两个方面：其一，弯辊力不能太大，否则轴承难以承受；其二，弯辊力对辊缝的影响主要是在边部，特别是当辊径比较小的时候更是如此。

（3）轧辊横移技术。横移是另一项重要的板形控制技术，早在20世纪50年代就被应用于二十辊森吉米尔轧机的第一排中间辊上。但将其作为板形控制的手段，则是在1972年日立公司推出HC轧机之后，HC轧机通过上下中间辊沿相反方向的相对横移，改变工作辊与中间辊的接触长度，使工作辊与支撑辊在板宽之外脱离接触，从而有效消除有害接触弯矩，与此同时也增加了工作辊弯辊的控制效果。此外，HC轧机通过适应轧制板宽变化的中间辊横移，从而具有了补偿热凸度、实现大压下轧制、缓解边部减薄以及减轻边部裂纹缺陷的优点。

另外CVC技术也是采用轧辊横移技术实现对板形和板凸度的控制的。CVC系列轧机是德国西马克（SMS）公司于1982年研制成功的，通过沿相反方向横移上下呈“S”形且反对称布置的工作辊获取不同的辊缝凸度，以达到板形控制的目的。CVC轧机因良好的板形控制效果，在实际生产中得到了广泛的应用。

（4）分段冷却技术。工作辊分段冷却控制是通过控制工作辊热轧凸度实现板形控制的方法。将冷却系统沿工作辊轴向划分为与板形测量段相对应的若干区域，每个区域安装若干个对应的冷却液喷嘴。控制各个区域冷却液喷嘴打开和关闭的数量和时间，通过调节沿辊身长度冷却液流量的分布改变轧辊温度的分布，从而调节热凸度的大小和分布，达到改变辊缝形状控制板形的目的。当带材中部、边部或者局部区域产生浪形时，该处工作辊对应的喷嘴被打开，降低该部分轧辊表面温度，进而减小了该区域轧辊热凸度，达到控制局部板形的目的。

1.3.4　顺序控制

可逆冷轧机轧制过程中的顺序控制主要包括以下功能：（1）自动穿带；（2）自动加速；（3）自动减速；（4）自动停车及反转。

在冷轧钢卷装上开卷机后，带钢将在两侧卷取机上往复来回轧制，为了避免卷取机反复咬入及建张等过程，带钢在可逆轧制时将不脱离卷取机（剩余两圈），经过几个道次的轧制，带钢越来越薄，而留在卷取机上的两端则比较厚，因此必须精确地停车以免厚度较大的端头误入轧机。

为了确定开始减速点及停车点，在进行冷轧钢卷酸洗时应测量其长度，近年来由于冷轧机入口及出口侧都装有激光测速仪，将有利于在线测长。

如果设冷轧原料卷的长度为 l_0，考虑到两侧卷取机需要剩余几圈，用于轧制的长度为：

$$l'_0 = l_0 - n(\pi D) - 2d \tag{1-5}$$

式中 n——剩余的圈数；

D——卷筒的内径，m；

d——卷筒到轧机的距离，m。

各道次的轧后长度应为：

$$l_i = l'_0 \frac{H_0}{h_i} \tag{1-6}$$

式中 H_0——冷轧机的来料厚度，mm；

h_i——i 道次轧出厚度，mm。

轧制时利用激光测速仪信号的积分不断累计轧制长度以确定减速点和停车点，设稳态轧制速度为 v_{ST}，带钢减速后的轧制速度为 v_{TAIL}，减速度为 β。则减速阶段所需时间为 t'_3，而所轧长度将为 Δl_{DEC}。停车时为从 v_{TAIL} 以 β' 减速度减到零（停止），此过程所用时间为 t'_1，而所轧长度为 Δl_{STOP}（见图 1-7），可得出

$$t'_1 = \frac{v_{TAIL} - 0}{\beta'} \tag{1-7}$$

其中，v_{TAIL} 单位为 m/s，β' 单位为 m/s^2。

因此

$$\Delta l_{STOP} = \frac{1}{2} t'_1 (v_{TAIL} - 0) = \frac{(v_{TAIL} - 0)^2}{2\beta'} \tag{1-8}$$

同样

$$t'_3 = \frac{v_{ST} - v_{TAIL}}{\beta} \tag{1-9}$$

$$\Delta l_{DEC} = \frac{1}{2} t'_3 (v_{ST} + v_{TAIL}) = \frac{v_{ST} - v_{TAIL}{}^2}{2\beta} \tag{1-10}$$

因此减速点为 l_{DEC}，停车点为 l_{STOP}。

$$l_{STOP} = l_i - \Delta l_{STOP} \tag{1-11}$$

$$l_{DEC} = l_i - \Delta l_{DEC} - \Delta l_{TAIL} - \Delta l_{STOP} \tag{1-12}$$

其中，$\Delta l_{TAIL} = t'_2 v_{TAIL}$。

即以尾部轧制速度运行 t'_2 秒所轧长度，以同样方法可求出加速点（见图 1-7）。加速应在轧制长度 l_{ACC} 后开始。

$$l_{ACC} = \Delta l_{START} + \Delta l_{TH} \tag{1-13}$$

式中 Δl_{START}——从零速启动到穿带速度 v_{TH} 所轧长度，m，

$$\Delta l_{START} = \frac{(v_{TH} - 0)^2}{2\alpha'} \tag{1-14}$$

α'——启动轧机时的加速度，m/s^2；

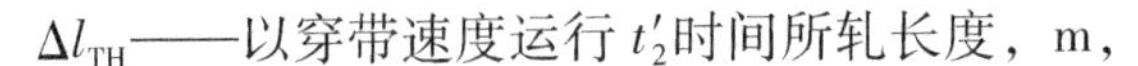

Δl_{TH}——以穿带速度运行 t_2'时间所轧长度，m，

$$\Delta l_{TH} = t_2 v_{TH} \tag{1-15}$$

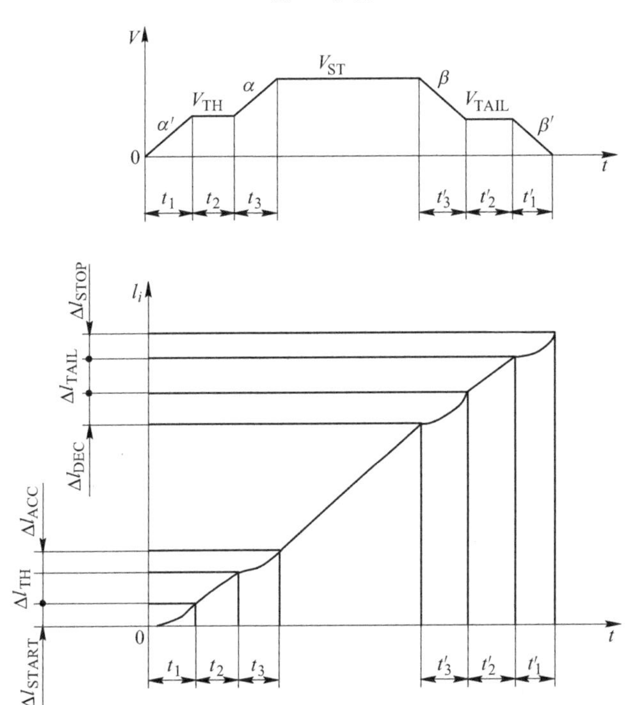

图 1-7　速度变化图

参 考 文 献

[1] 孙一康．带钢冷连轧计算机控制［M］．北京：冶金工业出版社，2002.

[2] 徐乐江．板带冷轧机板形控制与机型选择［M］．北京：冶金工业出版社，2007.

[3] 丁修堃．轧制过程自动化［M］．2 版．北京：冶金工业出版社，2006.

[4] 陈建民．济钢紧凑式双机架四辊可逆冷轧机介绍［J］．轧钢，2006，23（3）：31.

[5] 刘江，李洪翠．济钢双机架四辊可逆式冷轧机组简介［J］．山东冶金，2006，28（6）：20~22.

[6] 金东海．1500mm 双机架可逆冷轧机组的自动化控制［C］// 冶金企业自动化、信息化与创新——全国冶金自动化信息网建网 30 周年论文集，2007.

[7] 薛垂义，闫晓强．济钢双机架冷轧机组采用的新技术［J］．冶金设备，2008（S1）：7~9.

[8] 李倩，韩继金，任爱华．双机架可逆冷轧机的自动控制系统［J］．轧钢，2008（3）：50~53.

[9] 彭成峰．冷轧 1500mm 六辊 HC 双机架可逆轧机简介［J］．鄂钢科技（3 期）：8~9.
[10] 荣太新，白艳．国产化 1400 双机架十二辊可逆式冷轧机——昆钢建成国产双机架十二辊可逆式生产线［C］// 全国多辊冷轧技术研讨会．中国金属学会，2007.
[11] 辛鲁湘，王宇．国产 12 辊轧机的新发展［C］// 2007 年全国多辊冷轧技术研讨会，2007.
[12] 王建．国产双机架十二辊冷轧生产线［J］．科学时代，2013（8）：1~3.
[13] 李仲德．双机架可逆式冷轧机的控制［D］．内蒙古科技大学，2004.
[14] 金东海．双机架可逆冷轧机组的自动化控制［C］// 全国薄板宽带生产技术信息交流会．中国金属学会，2006.
[15] 王军刚．秒流量控制在双机架可逆冷轧机 AGC 系统中应用［J］．中国科技信息，2011（7）：142，143.
[16] 李静，王京，于丽杰．双机架可逆冷连轧机的计算机控制［J］．计算机测量与控制，2003，11（11）：859~862.
[17] 于丽杰，王京，陶红勇．双机架可逆冷连轧机 AGC 控制策略分析［J］．轧钢，2003，20（3）：42~44.

2 双机架可逆冷连轧机组静态特性分析模型

连续轧制在稳定状态下进行时，在冷轧机的任何一点秒流量均为定值。一旦改变辊缝、来料厚度、轧辊转速等参数，将破坏该稳定状态，对应其变化，各机架间的张力、板厚等将发生变化，直至达到新的稳定状态。新稳态下秒流量仍然为定值，然而这个值与前一个稳态的秒流量值不同。静态轧制理论是求解这两种稳定轧制状态间的关系，不讨论向稳定状态变化的过渡过程。通过解析可求出各轧制变量之间的相互关系，因此有可能从理论上说明连续轧制的轧制现象；另外，弄清了轧制变量的相互关系后，可以获得轧机板厚控制、张力控制的设计指南。

2.1 连轧静态特性分析的发展

连轧机综合特性的研究最早是 Hessenberg 和 Jenkins 于 1955 年开始的，他们以“秒流量相等条件”为基础导出了描述各架轧机压下移动量及轧辊转速变化量对板厚和张力影响的基本方程式。但是，由于计算工作量太大，当时仅限于对一些问题作定性分析和讨论。后来，电子计算机成为了一种有效的科学实验手段，这种理论分析方法得到了很大发展，许多人进行了这方面的研究工作。

R. A. Philips 用数学模型研究了速度变化和压下变化对于连轧机轧件出口厚度的影响，模型采用增量法，研究中没有涉及设备，只是研究了生产中不平衡过程的表面现象。

Courcoulas 和 Ham 在不考虑前滑的条件下，利用秒流量恒定原理和增量平衡方程计算出了辊缝和辊速变化对板厚和张力的影响系数。

Lianis 和 Ford 在 Hessenberg 和 Jenkins 以及 Courcoulas 和 Ham 研究的基础上，利用 Bland Ford 数学模型计算出了轧制力、轧制力矩和前滑相关的偏微分系数，并将计算结果做成了正交图表的形式，实际应用表明查表结果和实验值吻合较好。

Sekulic 和 Alexander 在 Lianis 和 Ford 研究的基础上，对四机架冷连轧机的综合特性进行了分析，其中与轧制力等常数相关的偏微分系数利用实验数据回归分析得到。

Shohet 和 Alexander 认为上述实验确定偏微分系数的方法是没有问题的，而

Lianis 和 Ford 用正交图表表示偏微分系数的方法过于复杂，故提出了用于计算偏微分系数的一种称为相邻点法（Neighboring-Point Method）的新方法。

美坂佳助等日本技术人员将上述研究集大成，并通过实验证明了影响系数法能用于分析和改善连轧过程中的实际问题，使这一研究工作达到了基本完善阶段。

张进之等以连轧张力公式为基础建立了稳态数学模型，计算了五机架连轧的影响系数，计算结果与国外研究者的计算和实验结果相近。

黄克琴等指出美坂佳助提出的偏微分系数计算方法中存在着某些不合理的地方，即对于存在两个以上轧程时，影响系数的计算方法未充分考虑，因此对算法进行了修正，使之也能应用于多轧程的生产工艺，另外还利用影响系数法对冷连轧机张力调厚和压下调厚的调节范围进行了分析。孙一康以简化的厚度方程组为基础，对某 1700mm 五机架冷连轧机的相关影响系数进行了计算，并指出无论是否假定张力恒定，影响系数的基本规律都不会有太大出入。

2.2　数学模型及其线性化

冷连轧过程静态特性分析所需的数学模型包括描述单机架和连轧机组各机架之间参数相互关系的数学模型。前者包括弹跳模型和轧制力模型，后者包括秒流量模型和相邻机架出口、入口厚度及张力相等的数学模型。在带钢的冷连轧过程中，主要的轧制因素有机架入口厚度、出口厚度、机架间张力、摩擦系数、辊缝、轧辊速度和材料变形抗力等。上述各模型包含大量理论的或统计的方程式，它们大多数为非线性方程，将其联立成非线性方程组，其求解的计算方法很复杂，计算量极其庞大。

在研究稳态变化的过程中，由于只对从一个稳态变化到另一个稳态后的结果进行分析，而不注意变化的过渡过程，可以不考虑所有执行机构的动态特性。另外，某一扰动量或者控制量变动后其他参量的增量才是所关注的重点，因此可以采用增量形式的代数方程组，避免求解繁杂的非线性方程组，将非线性方程展开成 Taylor 级数，取其一次项使其线性化后再对其求解，从而使问题得以简化。

一元函数 $P=P(h)$ 可以在初始状态下（其参数均以下角标“0”表示）展开成 Taylor 级数：

$$P=P(h_0)+\frac{\mathrm{d}P}{\mathrm{d}h}(h-h_0)+\frac{1}{2!}\frac{\mathrm{d}^2P}{\mathrm{d}h^2}(h-h_0)^2+\cdots \tag{2-1}$$

当 h 的变化很小时，$(h-h_0)^2$ 以后的各项均可以略去，则非线性函数即可以线性方程近似表示，即：

$$P=P(h_0)+\frac{\mathrm{d}P}{\mathrm{d}h}(h-h_0) \tag{2-2}$$

多元函数 $P=P(R,\ H_0,\ H,\ h,\ t_f,\ t_b,\ f,\ k)$ 同样可以展开成 Taylor 级数并取一次项以线性方程近似表示，即：

$$P=P(R_0,H_{00},H_0,h_0,t_{f0},t_{b0},f_0,k_0)+\frac{\partial P}{\partial R}(R-R_0)+\frac{\partial P}{\partial H_0}(H_0-H_{00})+\frac{\partial P}{\partial H}(H-H_0)+\frac{\partial P}{\partial h}(h-h_0)+\frac{\partial P}{\partial t_f}(t_f-t_{f0})+\frac{\partial P}{\partial t_b}(t_b-t_{b0})+\frac{\partial P}{\partial f}(f-f_0)+\frac{\partial P}{\partial k}(k-k_0) \tag{2-3}$$

下面对稳态分析中所要用到的数学模型加以介绍并作线性化处理。

2.2.1 弹跳方程

$$h_i=S_i+\frac{P_i}{K_{mi}} \tag{2-4}$$

式中　K_{mi}——轧机刚度，N/mm；

S_i——辊缝值，mm；

P_i——轧制压力，N；

h_i——带钢出口厚度，mm，下标 i 表示机架号（下文均以此表示）。

在弹跳方程中，涉及轧制力模型及其所包含的一系列子模型，以 Bland-Ford-Hill 隐式模型作为轧制力模型，则有：

$$P=P_p+P_{e1}+P_{e2} \tag{2-5}$$

$$P_p=B\bar{k}\sqrt{R'(H-h)}\,Q_p n_t \tag{2-6}$$

$$P_{e1}=\frac{(1-\nu^2)H}{4}\sqrt{\frac{R'}{H-h}}\frac{(\bar{k}-t_b)^2}{E} \tag{2-7}$$

$$P_{e2}=\frac{2}{3}\sqrt{R'h}\,(\bar{k}-t_f)^{1.5}\sqrt{\frac{1-\nu^2}{E}} \tag{2-8}$$

式中　P——轧制压力，N；

P_p——塑性变形区轧制力，N；

P_{e1}——入口处弹性压缩区轧制力，N；

P_{e2}——出口处弹性恢复区轧制力，N；

B——轧件宽度，mm；

$\bar{k}$——平均变形抗力，MPa；

R'——轧辊压扁半径，mm；

Q_p——应力状态系数，

$$Q_p=1.08+1.79\varepsilon f\sqrt{\frac{R'}{H}}-1.02\varepsilon \tag{2-9}$$

ε——变形程度，$\varepsilon=(H-h)/H$；

n_t——张力因子，

$$n_t=1-[(1-\mu_\tau)t_f+\mu_\tau t_b]/\bar{k} \tag{2-10}$$

H——轧件入口厚度，mm；

h——带钢出口厚度，mm；

ν——带钢泊松比，取 0.3；

E——带钢弹性模量，约 2.058×10^5MPa；

μ_τ——加权系数，$\mu_\tau=0.7$。

轧辊压扁半径 R' 可以用 Hitchcock 公式表示，即：

$$R'=R\left[1+\frac{C_0P}{B(H-h)}\right] \tag{2-11}$$

式中 C_0——轧辊压扁系数，$C_0=16(1-\nu_R^2)/(\pi E_R)$；

E_R，ν_R——分别为轧辊的弹性模量（MPa）和泊松比。

式（2-6）中的平均变形抗力 $\bar{k}$ 可以用 Sims 公式表示，即：

$$\bar{k}=a_1(\bar{\varepsilon}+a_2)^{a_3} \tag{2-12}$$

其中，$\bar{\varepsilon}=0.4\varepsilon_H+0.6\varepsilon_h$。

$$\varepsilon_H=1-\frac{H}{H_0}\quad\varepsilon_h=1-\frac{h}{H_0} \tag{2-13}$$

式中 H_0——退火后的坯料厚度，mm；

a_1，a_2，a_3——与钢种相关常数。

式（2-9）中的摩擦系数 f 可以用 Sims 公式表示，即：

$$f=0.001\exp(4.684\nu^{-0.038}) \tag{2-14}$$

式中 ν——轧辊线速度，m/s。

弹跳模型式（2-4）可以按式（2-3）的方法展开成线性形式，即：

$$h_i=h_{0i}+(S_i-S_{0i})+\frac{1}{K_{mi}}(P_i-P_{0i}) \tag{2-15}$$

令 $\Delta h_i=h_i-h_{0i}$，$\Delta S_i=S_i-S_{0i}$，$\Delta P_i=P_i-P_{0i}$，则有：

$$\Delta h_i=\Delta S_i+\Delta P_i/K_{mi} \tag{2-16}$$

同理，轧制力模型（2-5）也可以展开成线性形式。考虑到压力是 R、H_0、H、h、B、t_f、t_b、f 和 $\bar{k}$ 的函数，则有：

$$\begin{aligned}\Delta P_i=&\left(\frac{\partial P}{\partial R}\right)_i\Delta R_i+\left(\frac{\partial P}{\partial H_0}\right)_i\Delta H_{0i}+\left(\frac{\partial P}{\partial H}\right)_i\Delta H_i+\left(\frac{\partial P}{\partial h}\right)_i\Delta h_i+\\&\left(\frac{\partial P}{\partial B}\right)_i\Delta B_i+\left(\frac{\partial P}{\partial t_f}\right)_i\Delta t_{fi}+\left(\frac{\partial P}{\partial t_b}\right)_i\Delta t_{bi}+\left(\frac{\partial P}{\partial f}\right)_i\Delta f_i+\left(\frac{\partial P}{\partial a_1}\right)\Delta a_1\end{aligned} \tag{2-17}$$

此式（$\partial P/\partial a_1$）Δa_1 项中 a_1 是平均变形抗力表达式（2-12）中的系数。假定钢种变形抗力的改变只与 a_1 有关，而与 a_2、a_3 无关，故（$\partial P/\partial \bar{k}$）$\Delta \bar{k}$ 可以用（$\partial P/\partial a_1$）Δa_1 表示。

把式（2-17）代入式（2-16），合并同类项，经整理后得到以弹跳方程为基础的板厚增量方程，即：

$$\nu_{S_i}\Delta S_i + \nu_{R_i}\left(\frac{\Delta R}{R}\right)_i + \nu_{H_0}\left(\frac{\Delta H_0}{H_0}\right)_i + \nu_{H_i}\left(\frac{\Delta H}{H}\right)_i + \nu_{B_i}\left(\frac{\Delta B}{B}\right)_i + \nu_{t_{f_i}}\left(\frac{\Delta t_f}{t_f}\right)_i + \nu_{t_{b_i}}\left(\frac{\Delta t_b}{t_b}\right)_i + \nu_{f_i}\left(\frac{\Delta f}{f}\right)_i + \nu_{a_1}\left(\frac{\Delta a_1}{a_1}\right) + \nu_{h_i}\left(\frac{\Delta h}{h}\right)_i = 0 \tag{2-18}$$

系数的 ν_λ 的通式为：

$$\nu_{\lambda_i} = \frac{1}{K_{mi} - \left(\frac{\partial P}{\partial h}\right)_i}\frac{\lambda_i}{h_i}\left(\frac{\partial P}{\partial \lambda}\right)_i \tag{2-19}$$

式中 λ——分别代替参数 R、H_0、H、B、t_f、t_b、f 和 a_1。

当 λ 为 S 与 h 时，有：

$$\nu_{S_i} = \frac{K_{mi}}{K_{mi} - \left(\frac{\partial P}{\partial h}\right)_i}\frac{1}{h_i} \quad \nu_{h_i} = -1 \tag{2-20}$$

对于双机架冷连轧机组，式（2-18）构成 2 个线性化了的板厚增量方程。

2.2.2 秒流量模型

双机架连轧机组处于稳态时，带钢的体积流量 U 在任意位置都是恒定的常数，即：

$$U = v_i h_i B_i \tag{2-21}$$

式（2-21）中包含以下几个子方程：

带钢出口速度方程，即：

$$v_{h_i} = v_i(1 + s_{h_i}) \tag{2-22}$$

若考虑由于负载转矩所引起的电机静态速降，轧辊线速度 v_i 可以表示为：

$$v_i = v_{0_i}(1 + z^* M) \tag{2-23}$$

$$v_{0_i} = \frac{2\pi R_i N_i}{60} \tag{2-24}$$

式中 v_{0_i}——轧辊空载线速度，m/s；

N——轧辊空载转数，r/min；

z^*——电机柔度系数，$N^{-1} \cdot m^{-1}$，$z^* \leqslant 0$；

M——负载转矩，N · m，可用 Hill 公式表示，即

$$M = M_0 + RB(Ht_b - ht_f) \tag{2-25}$$

M_0——不考虑张力直接作用时的负载转矩，N · mm，

$$M_0 = B\bar{k}R(H - h)Q'_p n'_t \tag{2-26}$$

Q'_p——转矩计算中的应力状态系数，

$$Q'_p = 1.05 + (0.07 + 1.32\varepsilon)f\sqrt{\frac{R'}{H}} - 0.85\varepsilon \tag{2-27}$$

n'_t——转矩计算中的张力因子，

$$n'_t = 1 - \frac{(\alpha' - 1)t_b + t_f}{\alpha'\bar{k}} \tag{2-28}$$

α'——权系数，$\alpha' = 10$。

式（2-22）中的前滑 s_h 可以用 Dresden 及 Bland-Ford 公式描述，即：

$$s_h = \frac{R'}{h} \cdot \gamma^2 \tag{2-29}$$

其中

$$\gamma = \sqrt{\frac{h}{R'}}\tan\left(\sqrt{\frac{h}{R'}}\frac{H_n}{2}\right) \quad H_n = \frac{H_b}{2} - \frac{1}{2f}\ln\left(\frac{H}{h}\frac{1 - t_f/k_h}{1 - t_b/k_H}\right)$$

$$H_b = 2\sqrt{\frac{R'}{h}}\arctan\left(\sqrt{\frac{R'}{h}} \cdot \beta\right) \quad \beta = \sqrt{\frac{\Delta h}{R'}}$$

秒流量模型方程式（2-21）可以按式（2-3）展开成线性形式，即：

$$U = U_0 + h_i B_i (v_{h_i} - v_{h0_i}) + v_{h_i} B_i (h_i - h_{0_i}) + v_{h_i} h_i (B_i - B_{0i}) \tag{2-30}$$

在冷连轧过程中，可以忽略宽展，即 $\Delta B = B_i - B_{0i} = 0$，有：

$$\frac{\Delta U}{U} = \frac{\Delta v_{h_i}}{v_{h_i}} + \frac{\Delta h_i}{h_i} \tag{2-31}$$

同理，带钢出口速度、转矩和前滑方程均可以展开成线性形式。

由式（2-22）有：

$$\left(\frac{\Delta v_h}{v_h}\right)_i = \frac{1}{1 + s_{h_i}}\Delta s_{h_i} + \left(\frac{\Delta v}{v}\right)_i \tag{2-32}$$

由式（2-23）、式（2-24）可得：

$$v_i = \frac{2\pi R_i N_i}{60}(1 + z_i^* M_i) \tag{2-33}$$

将上式线性化，可得：

$$\Delta v_i = \frac{2\pi}{60}R_i N_i z_i^* \Delta M_i + \frac{2\pi}{60}R_i(1 + z_i^* M_i)\Delta N_i + \frac{2\pi}{60}N_i(1 + z_i^* M_i)\Delta R_i \tag{2-34}$$

即：

$$\frac{\Delta v_i}{v_i} = \frac{z_i^* \Delta M_i}{1 + z_i^* M_i} + \frac{\Delta N_i}{N_i} + \frac{\Delta R_i}{R_i} \tag{2-35}$$

将式（2-35）代入式（2-32）中，有：

$$\left(\frac{\Delta v_h}{v_h}\right)_i = \left(\frac{\Delta R}{R}\right)_i + \left(\frac{\Delta N}{N}\right)_i + \left(\frac{z^* \Delta M}{1 + z^* M}\right)_i + \left(\frac{\Delta s_h}{1 + s_h}\right)_i \tag{2-36}$$

由于转矩和前滑都是 R、H_0、H、h、B、t_f、t_b、f 和 $\bar{k}$ 等参数的函数，可以写成：

$$\begin{aligned}
\Delta M_i = &\left(\frac{\partial M}{\partial R}\right)_i \Delta R_i + \left(\frac{\partial M}{\partial H_0}\right) \Delta H_0 + \left(\frac{\partial M}{\partial H}\right)_i \Delta H_i + \left(\frac{\partial M}{\partial h}\right)_i \Delta h_i + \left(\frac{\partial M}{\partial B}\right)_i \Delta B_i + \\
&\left(\frac{\partial M}{\partial t_f}\right)_i \Delta t_{f_i} + \left(\frac{\partial M}{\partial t_b}\right)_i \Delta t_{b_i} + \left(\frac{\partial M}{\partial f}\right)_i \Delta f_i + \left(\frac{\partial M}{\partial a_1}\right) \Delta a_1 \\
\Delta s_{h_i} = &\left(\frac{\partial s_h}{\partial R}\right)_i \Delta R_i + \left(\frac{\partial s_h}{\partial H_0}\right) \Delta H_0 + \left(\frac{\partial s_h}{\partial H}\right)_i \Delta H_i + \left(\frac{\partial s_h}{\partial h}\right)_i \Delta h_i + \left(\frac{\partial s_h}{\partial B}\right)_i \Delta B_i + \\
&\left(\frac{\partial s_h}{\partial t_f}\right)_i \Delta t_{f_i} + \left(\frac{\partial s_h}{\partial t_b}\right)_i \Delta t_{b_i} + \left(\frac{\partial s_h}{\partial f}\right)_i \Delta f_i + \left(\frac{\partial s_h}{\partial a_1}\right) \Delta a_1
\end{aligned} \tag{2-37}$$

把式（2-32）、式（2-37）代入式（2-31）并合并同类项，经整理后得到以流量方程为基础的带钢出口速度方程：

$$\begin{aligned}
&(1 + \sigma_{R_i})\left(\frac{\Delta R}{R}\right)_i + \sigma_{H_0}\left(\frac{\Delta H_0}{H_0}\right) + \sigma_{H_i}\left(\frac{\Delta H}{H}\right)_i + (1 + \sigma_{h_i})\left(\frac{\Delta h}{h}\right)_i + (1 + \sigma_{B_i})\left(\frac{\Delta B}{B}\right)_i + \\
&\sigma_{t_{f_i}}\left(\frac{\Delta t_f}{t_f}\right)_i + \sigma_{t_{b_i}}\left(\frac{\Delta t_b}{t_b}\right)_i + \sigma_{f_i}\left(\frac{\Delta f}{f}\right)_i + \sigma_{a_1}\left(\frac{\Delta a_1}{a_1}\right) + \sigma_{N_i}\left(\frac{\Delta N}{N}\right)_i + \sigma_U\left(\frac{\Delta U}{U}\right) = 0
\end{aligned} \tag{2-38}$$

系数 σ_λ 的通式为：

$$\sigma_\lambda = \frac{z_i^*}{1 + z_i^* M_i}\lambda_i \left(\frac{\partial M}{\partial \lambda}\right)_i + \frac{\lambda_i}{1 + s_{h_i}}\left(\frac{\partial s_h}{\partial \lambda}\right)_i \tag{2-39}$$

式中　λ——分别代替参数 R、H_0、H、h、t_f、t_b、f 和 a_1。

当 λ 为 B、N、U 时，有：

$$\sigma_{B_i} = \frac{z_i^*}{1 + z_i^* M_i}B_i \left(\frac{\partial M}{\partial B}\right)_i \quad \sigma_{N_i} = 1 \quad \sigma_U = -1 \tag{2-40}$$

对于双机架可逆冷连轧机，式（2-38）构成两个线性化了的带钢出口速度增量方程。

2.2.3 功率模型

$$W_i = \frac{M_i N_i}{974} \tag{2-41}$$

式中 W——轧制功率，W；

N——轧辊转数，r/min。

将式（2-41）线性化，有：

$$\Delta W_i = \frac{M_i}{974}\Delta N_i + \frac{N_i}{974}\Delta M_i \tag{2-42}$$

进一步简化，有：

$$\frac{\Delta W_i}{W_i} = \left(\frac{\Delta N}{N}\right)_i + \left(\frac{\Delta M}{M}\right)_i \tag{2-43}$$

把式（2-37）代入式（2-43），合并同类项，经整理得功率增量方程，即：

$$\eta_{R_i}\left(\frac{\Delta R}{R}\right)_i + \eta_{H_0}\left(\frac{\Delta H_0}{H_0}\right) + \eta_{H_i}\left(\frac{\Delta H}{H}\right)_i + \eta_{h_i}\left(\frac{\Delta h}{h}\right)_i + \eta_{B_i}\left(\frac{\Delta B}{B}\right)_i + \eta_{t_{f_i}}\left(\frac{\Delta t_f}{t_f}\right)_i + \eta_{t_{b_i}}\left(\frac{\Delta t_b}{t_b}\right)_i + \eta_{f_i}\left(\frac{\Delta f}{f}\right)_i + \eta_{a_1}\left(\frac{\Delta a_1}{a_1}\right) + \eta_{N_i}\left(\frac{\Delta N}{N}\right)_i + \eta_{W_i}\left(\frac{\Delta W}{W}\right)_i = 0 \tag{2-44}$$

系数 η_λ 的通式为：

$$\eta_\lambda = \left(\frac{\lambda}{M}\frac{\partial M}{\partial \lambda}\right)_i \quad \eta_{N_i} = 1 \quad \eta_{W_i} = -1$$

式中 λ——分别代替参数 R、H_0、H、h、B、t_f、t_b、f 和 a_1。

对于双机架可逆冷连轧机组，式（2-44）构成了 2 个线性化了的功率增量方程。

综上所述，对于双机架连轧机，式（2-18）、（2-38）和式（2-44）构成包括 6 个方程的线性方程组，即基本方程组，这个方程组描述了稳态条件下连轧机各机架参数增量之间的相互关系，给定足够的已知量增量，再解此方程组，就可以求出达到新的稳态后 6 个未知量的增量。

由于轧制过程处于稳定状态，第 1 机架的前张力 t_{f1} 与第 2 机架的后张力 t_{b2} 是相等的，而第 1 机架的出口厚度 h_1 与第 2 机架的入口厚度 H_2 也是相等的，即

$$t_{f_1} = t_{b_2} \quad h_1 = H_2 \tag{2-45}$$

因此，t_{b_2} 和 H_2 可以用 t_{f_1} 和 h_1 代替，从而使方程组中的变量个数减少，避免求解过程中的重复计算。

2.3 偏微分系数计算

基本方程组中各个方程的系数分别为 ν_{λ_i}、σ_{λ_i}与 η_{λ_i}。这些系数中分别包括了轧制压力 P、转矩 M、前滑 s_h 和轧辊压扁半径 R'对各个变量的偏导数，求解方程组时必须推导出这些偏导数的表达式。在具体的轧制规程下，这些偏导数为常数，即偏微分系数。

2.3.1 轧制力的偏微分系数

由式（2-5）、式（2-6）、式（2-7）、式（2-8），令

$$F = P - P_p - P_{e1} - P_{e2} \tag{2-46}$$

则

$$\frac{\partial P}{\partial \lambda} = -\frac{\dfrac{\partial F}{\partial \lambda}}{\dfrac{\partial F}{\partial P}} \tag{2-47}$$

即可求得轧制力的偏微分系数。

$$\frac{\partial F}{\partial P} = 1 - \frac{R' - R}{2R}\left(1 + \frac{1.79\varepsilon f}{n_t}\sqrt{\frac{R'}{H}}\right) - \frac{P_{e1}}{P}\left(\frac{1}{2} - \frac{R}{2R'}\right) - \frac{P_{e2}}{P}\left(\frac{1}{2} - \frac{R}{2R'}\right) \tag{2-48}$$

$$\frac{\partial F}{\partial R} = -\frac{P_p}{2R}\left(1 + \frac{1.79\varepsilon f}{n_t}\sqrt{\frac{R'}{H}}\right) - \frac{P_{e1}}{2R} - \frac{P_{e2}}{2R} \tag{2-49}$$

在推导偏微分系数时，H_1 为各机架的带钢入口厚度，要区别第一机架的情况，对于正向轧制（指热轧卷第一次开卷轧制），坯料厚度 H_0 和第一机架带钢入口厚度 H_1 是一样的，H_0 与 H_1 对压力与力矩等的影响完全一致，故可以认为 $(\partial P/\partial H_0)_1 = (\partial P/\partial H_1)_1$；$(\partial M/\partial H_0)_1 = (\partial M/\partial H_1)_1$；$(\partial s_h/\partial H_0)_1 = (\partial s_h/\partial H_1)_1$；$(\partial F/\partial H_0)_1 = (\partial F/\partial H_1)_1$，现就正向轧制的偏微分系数进行推导：

$$\frac{\partial F}{\partial H_0} = -\frac{P_p}{H_0}\frac{1}{n_t}\frac{1-\bar{\varepsilon}}{\bar{\varepsilon}+a_2}a_3 - \frac{P_{e1}}{H_0}\frac{2k}{k-t_b}\frac{1-\bar{\varepsilon}}{\bar{\varepsilon}+a_2}a_3 - \frac{P_{e2}}{H_0}\frac{1.5k}{k-t_f}\frac{1-\bar{\varepsilon}}{\bar{\varepsilon}+a_2}a_3 \tag{2-50}$$

$$\begin{aligned}\frac{\partial F}{\partial H} = &-\frac{P_p}{H}\left[-\frac{0.4a_3}{\bar{\varepsilon}+a_2}\frac{H}{H_0}\frac{1}{n_t} + \frac{1}{2\varepsilon}\frac{R}{R'} + \frac{1.79f}{2Q_p}\sqrt{\frac{R'}{H}}\left(1 - 3\varepsilon + \frac{R}{R'}\right) - \frac{1.02}{Q_p}(1-\varepsilon)\right] - \\ &\frac{P_{e1}}{H}\left[1 - \left(\frac{1}{\varepsilon} - \frac{1}{2\varepsilon}\frac{R}{R'}\right)\right] + \frac{P_{e1}}{H_0}\frac{0.8k}{k-t_b}\frac{a_3}{\bar{\varepsilon}+a_2} - \frac{P_{e2}}{H}\frac{1}{2\varepsilon}\frac{R}{R'} + \frac{P_{e2}}{H_0}\frac{0.6k}{k-t_f}\frac{a_3}{\bar{\varepsilon}+a_2}\end{aligned} \tag{2-51}$$

$$\frac{\partial F}{\partial h} = -\frac{P_p}{H}\left[-\frac{0.6a_3}{\bar{\varepsilon}+a_2}\frac{H}{H_0}\frac{1}{n_t} - \frac{1}{2\varepsilon}\frac{R}{R'} - \frac{1.79f}{2Q_p}\sqrt{\frac{R'}{H}}\left(1+\frac{R}{R'}\right) + \frac{1.02}{Q_p}\right] - \frac{P_{e1}}{H}\left(\frac{1}{\varepsilon} - \frac{1}{2\varepsilon}\frac{R}{R'}\right) + \frac{P_{e1}}{H_0}\frac{1.2k}{k-t_b}\frac{a_3}{\bar{\varepsilon}+a_2} + \frac{P_{e2}}{H}\frac{1}{2\varepsilon}\frac{R}{R'} + \frac{P_{e2}}{H_0}\frac{0.9k}{k-t_f}\frac{a_3}{\bar{\varepsilon}+a_2} \tag{2-52}$$

$$\frac{\partial F}{\partial B} = -\frac{P_p}{B}\left[1 - \frac{R'-R}{2R'}\left(1+\frac{1.79\varepsilon f}{Q_p}\sqrt{\frac{R'}{H}}\right)\right] - \frac{P_{e1}}{B}\left(\frac{1}{2}+\frac{R}{2R'}\right) - \frac{P_{e2}}{B}\left(\frac{1}{2}+\frac{R}{2R'}\right) \tag{2-53}$$

$$\frac{\partial F}{\partial t_f} = \frac{P_p}{\bar{k}}\frac{1}{n_t}\frac{1}{\alpha} + 1.5\frac{P_{e2}}{k-t_f} \tag{2-54}$$

$$\frac{\partial F}{\partial t_b} = \frac{P_p}{\bar{k}}\frac{1}{n_t}\frac{\alpha-1}{\alpha} + 2\frac{P_{e1}}{k-t_b} \tag{2-55}$$

$$\frac{\partial F}{\partial f} = -\frac{P_p}{f}\left(1+\frac{1.02\varepsilon-1.08}{Q_p}\right) \tag{2-56}$$

$$\frac{\partial F}{\partial a_1} = -\frac{P_p}{a_1}\frac{1}{n_t} - \frac{P_{e1}}{a_1}\frac{2k}{k-t_b} - \frac{P_{e2}}{a_1}\frac{1.5k}{k-t_f} \tag{2-57}$$

2.3.2 轧制力矩的偏微分系数

$$\frac{\partial M}{\partial R} = M_0\left(\frac{1}{R}+\frac{1}{Q'_p}\frac{\partial Q'_p}{\partial R}\right) + B(H_1t_b - ht_f) \tag{2-58}$$

$$\frac{\partial M}{\partial H_0} = M_0\left(\frac{1}{\bar{k}}\frac{\partial \bar{k}}{\partial H_0}+\frac{1}{n'_t}\frac{\partial n'_t}{\partial H_0}+\frac{1}{Q'_p}\frac{\partial Q'_p}{\partial H_0}\right) \tag{2-59}$$

$$\frac{\partial M}{\partial H} = M_0\left(\frac{1}{\bar{k}}\frac{\partial \bar{k}}{\partial H}+\frac{1}{n'_t}\frac{\partial n'_t}{\partial H}+\frac{1}{H-h}+\frac{1}{Q'_p}\frac{\partial Q'_p}{\partial H}\right) + RBt_b \tag{2-60}$$

对于第一机架：

$$\left(\frac{\partial M}{\partial H_0}\right)_1 = \left(\frac{\partial M}{\partial H_1}\right)_1 = M_0\left(\frac{1}{\bar{k}}\frac{\partial \bar{k}}{\partial H_0}+\frac{1}{n'_t}\frac{\partial n'_t}{\partial H_0}+\frac{1}{H_0-h}+\frac{1}{Q'_p}\frac{\partial Q'_p}{\partial H_0}\right) + RBt_b \tag{2-61}$$

$$\frac{\partial M}{\partial h} = M_0\left(\frac{1}{\bar{k}}\frac{\partial \bar{k}}{\partial h}+\frac{1}{n'_t}\frac{\partial n'_t}{\partial h}+\frac{1}{H-h}+\frac{1}{Q'_p}\frac{\partial Q'_p}{\partial h}\right) - RBt_f \tag{2-62}$$

$$\frac{\partial M}{\partial B} = M_0\left(\frac{1}{B}+\frac{1}{Q'_p}\frac{\partial Q'_p}{\partial B}\right) + B(Ht_b - ht_f) \tag{2-63}$$

$$\frac{\partial M}{\partial t_{\mathrm{f}}} = M_0 \frac{1}{n'_{\mathrm{t}}} \frac{\partial n'_{\mathrm{t}}}{\partial t_{\mathrm{f}}} - RhB \tag{2-64}$$

$$\frac{\partial M}{\partial t_{\mathrm{b}}} = M_0 \frac{1}{n'_{\mathrm{t}}} \frac{\partial n'_{\mathrm{t}}}{\partial t_{\mathrm{b}}} + RHB \tag{2-65}$$

$$\frac{\partial M}{\partial f} = M_0 \frac{1}{Q'_{\mathrm{p}}} \frac{\partial Q'_{\mathrm{p}}}{\partial f} \tag{2-66}$$

$$\frac{\partial M}{\partial a_1} = M_0 \left(\frac{1}{\bar{k}} \frac{\partial \bar{k}}{\partial a_1} + \frac{1}{n'_{\mathrm{t}}} \frac{\partial n'_{\mathrm{t}}}{\partial a_1} \right) \tag{2-67}$$

在上述各偏微分系数中，包含 $\bar{k}$、R'、Q'_{p} 与 n'_{t} 对 λ 的偏微分系数。

2.3.2.1　$\bar{k}$ 的偏微分系数

$$\frac{\partial \bar{k}}{\partial H_0} = \frac{a_3}{\bar{\varepsilon} + a_2} \frac{1 - \bar{\varepsilon}}{H_0} \bar{k} \tag{2-68}$$

$$\frac{\partial \bar{k}}{\partial H} = - \frac{a_3}{\bar{\varepsilon} + a_2} \frac{0.4}{H_0} \bar{k} \tag{2-69}$$

对于正向轧制的第一机架：

$$\left(\frac{\partial \bar{k}}{\partial H_0} \right)_1 = \left(\frac{\partial \bar{k}}{\partial H} \right)_1 = 0.6 \frac{a_3}{\bar{\varepsilon} + a_2} \frac{1 - \varepsilon_{\mathrm{h}}}{H_0} \bar{k} \tag{2-70}$$

$$\frac{\partial \bar{k}}{\partial h} = - \frac{a_3}{\bar{\varepsilon} + a_2} \frac{0.6}{H_0} \bar{k} \tag{2-71}$$

$$\frac{\partial \bar{k}}{\partial a_1} = \frac{\bar{k}}{a_1} \tag{2-72}$$

2.3.2.2　n'_{t} 的偏微分系数

$$\frac{\partial n'_{\mathrm{t}}}{\partial H_0} = \frac{a_3}{\bar{\varepsilon} + a_2} \frac{1 - \bar{\varepsilon}}{H_0} (1 - n'_{\mathrm{t}}) \tag{2-73}$$

$$\frac{\partial n'_{\mathrm{t}}}{\partial H} = - \frac{a_3}{\bar{\varepsilon} + a_2} \frac{0.4}{H_0} (1 - n'_{\mathrm{t}}) \tag{2-74}$$

对于正向轧制的第一机架：

$$\left(\frac{\partial n'_{\mathrm{t}}}{\partial H_0} \right)_1 = \left(\frac{\partial n'_{\mathrm{t}}}{\partial H} \right)_1 = \frac{a_3}{\bar{\varepsilon} + a_2} \frac{0.6(1 - \varepsilon_{\mathrm{h}})}{H_0} (1 - n'_{\mathrm{t}}) \tag{2-75}$$

$$\frac{\partial n'_{\mathrm{t}}}{\partial h} = - \frac{a_3}{\bar{\varepsilon} + a_2} \frac{0.6}{H_0} (1 - n'_{\mathrm{t}}) \tag{2-76}$$

$$\frac{\partial n'_t}{\partial t_f} = -\frac{1}{\alpha'}\frac{1}{\bar{k}} \tag{2-77}$$

$$\frac{\partial n'_t}{\partial t_b} = -\frac{\alpha' - 1}{\alpha'}\frac{1}{\bar{k}} \tag{2-78}$$

$$\frac{\partial n'_t}{\partial a_1} = \frac{1}{a_1}(1 - n'_t) \tag{2-79}$$

2.3.2.3 Q'_p 的偏微分系数

$$\frac{\partial Q'_p}{\partial R} = \frac{0.07 + 1.32\varepsilon}{2} f \frac{1}{\sqrt{\frac{R'}{H}}} \frac{1}{H} \frac{\partial R'}{\partial R} \tag{2-80}$$

$$\frac{\partial Q'_p}{\partial H_0} = \frac{0.07 + 1.32\varepsilon}{2} f \frac{1}{\sqrt{\frac{R'}{H}}} \frac{1}{H} \frac{\partial R'}{\partial H_0} \tag{2-81}$$

$$\frac{\partial Q'_p}{\partial H} = 1.32\frac{h}{H^2} f\sqrt{\frac{R'}{H}} + \frac{0.07 + 1.32\varepsilon}{2} f \frac{1}{\sqrt{\frac{R'}{H}}} \frac{1}{H}\left(\frac{\partial R'}{\partial H} - \frac{R'}{H}\right) - 0.85\frac{h}{H^2} \tag{2-82}$$

对于第一机架：

$$\left(\frac{\partial Q'_p}{\partial H_0}\right)_1 = \left(\frac{\partial Q'_p}{\partial H}\right)_1 = 1.32\frac{h}{H^2} f\sqrt{\frac{R'}{H_1}} + \frac{0.07 + 1.32\varepsilon}{2} f \frac{1}{\sqrt{\frac{R'}{H}}} \frac{1}{H}\left(\frac{\partial R'}{\partial H} - \frac{R'}{H}\right) - 0.85\frac{h}{H^2} \tag{2-83}$$

$$\frac{\partial Q'_p}{\partial h} = -1.32\frac{1}{H} f\sqrt{\frac{R'}{H}} + \frac{0.07 + 1.32\varepsilon}{2} f \frac{1}{\sqrt{\frac{R'}{H}}} \frac{1}{H} \frac{\partial R'}{\partial h} + 0.85\frac{1}{H} \tag{2-84}$$

$$\frac{\partial Q'_p}{\partial B} = \frac{0.07 + 1.32\varepsilon}{2} f \frac{1}{\sqrt{\frac{R'}{H}}} \frac{1}{H} \frac{\partial R'}{\partial B} \tag{2-85}$$

$$\frac{\partial Q'_p}{\partial f} = (0.07 + 1.32\varepsilon)\sqrt{\frac{R'}{H}} + \frac{0.07 + 1.32\varepsilon}{2} f \frac{1}{\sqrt{\frac{R'}{H}}} \frac{1}{H} \frac{\partial R'}{\partial f} \tag{2-86}$$

2.3.2.4　R'的偏微分系数

$$\frac{\partial R'}{\partial \lambda} = (R' - R)\frac{1}{P}\frac{\partial P}{\partial \lambda} \tag{2-87}$$

式中，λ 分别代替 H_0、t_f、t_b、f 和 a_1 等参数。

$$\frac{\partial R'}{\partial R} = (R' - R)\frac{1}{P}\frac{\partial P}{\partial R} + \frac{R'}{R} \tag{2-88}$$

$$\frac{\partial R'}{\partial H} = (R' - R)\left(\frac{1}{P}\frac{\partial P}{\partial H} - \frac{1}{H - h}\right) \tag{2-89}$$

$$\frac{\partial R'}{\partial h} = (R' - R)\left(\frac{1}{P}\frac{\partial P}{\partial h} + \frac{1}{H - h}\right) \tag{2-90}$$

$$\frac{\partial R'}{\partial B} = (R' - R)\left(\frac{1}{P}\frac{\partial P}{\partial B} - \frac{1}{B}\right) \tag{2-91}$$

对于正向轧制的第一机架：

$$\left(\frac{\partial R'}{\partial H_0}\right)_1 = \left(\frac{\partial R'}{\partial H}\right)_1 = (R' - R)\left(\frac{1}{P}\frac{\partial P}{\partial H_0} - \frac{1}{H_0 - h}\right) \tag{2-92}$$

2.3.3　前滑的偏微分系数

$$\frac{\partial s_h}{\partial \lambda} = 2\gamma\frac{R'}{h}\frac{\partial \gamma}{\partial \lambda} + \frac{\gamma^2}{h}\frac{\partial R'}{\partial \lambda} \tag{2-93}$$

式中　λ——分别代替 R、H_0、H_1、B、t_f、t_b、f 和 a_1 等参数。

当 λ 为 h 时：

$$\frac{\partial s_h}{\partial h} = 2\gamma\frac{R'}{h}\frac{\partial \gamma}{\partial h} + \frac{\gamma^2}{h}\left(\frac{\partial R'}{\partial h} - \frac{R'}{h}\right) \tag{2-94}$$

在前滑的偏微分系数中，除已列出的 R'的偏微分系数外，还包含着中性角 γ 的偏微分系数：

$$\frac{\partial \gamma}{\partial \lambda} = -\frac{\gamma}{2}\frac{1}{R'}\frac{\partial R'}{\partial \lambda} + \frac{h/R'}{\cos^2\left(\sqrt{\frac{h}{R'}}\frac{H_n}{2}\right)}\left(-\frac{H_n}{4R'}\frac{\partial R'}{\partial \lambda} + \frac{1}{2}\frac{\partial H_n}{\partial \lambda}\right) \tag{2-95}$$

当 λ 为 h 时：

$$\frac{\partial \gamma}{\partial h} = -\frac{\gamma}{2}\frac{1}{R'}\left(\frac{\partial R'}{\partial h} - \frac{R'}{h}\right) + \frac{h/R'}{\cos^2\left(\sqrt{\frac{h}{R'}}\frac{H_n}{2}\right)}\left(-\frac{H_n}{4R'}\frac{\partial R'}{\partial h} + \frac{1}{2}\frac{\partial H_n}{\partial h}\right) \tag{2-96}$$

在中性角 γ 的偏微分系数中还包含着 H_n 的偏微分系数：

$$\frac{\partial H_n}{\partial R} = \frac{1}{2}\frac{\partial H_b}{\partial R} \tag{2-97}$$

$$\frac{\partial H_n}{\partial H_0}=\frac{1}{2}\frac{\partial H_b}{\partial H_0}-\frac{1}{2f}\left(\frac{t_f}{k_h}\frac{1}{k_h-t_f}\frac{\partial k_h}{\partial H_0}-\frac{t_b}{k_H}\frac{1}{k_H-t_b}\frac{\partial k_H}{\partial H_0}\right) \tag{2-98}$$

$$\frac{\partial H_n}{\partial H}=\frac{1}{2}\frac{\partial H_b}{\partial H}-\frac{1}{2f}\frac{1}{H}-\frac{1}{2f}\left(\frac{t_f}{k_h}\frac{1}{k_h-t_f}\frac{\partial k_h}{\partial H}-\frac{t_b}{k_H}\frac{1}{k_H-t_b}\frac{\partial k_H}{\partial H}\right) \tag{2-99}$$

对于第一机架：

$$\left(\frac{\partial H_n}{\partial H_0}\right)_1=\left(\frac{\partial H_n}{\partial H}\right)_1=\frac{1}{2}\frac{\partial H_b}{\partial H}-\frac{1}{2f}\frac{1}{H}-\frac{1}{2f}\left(\frac{t_f}{k_h}\frac{1}{k_h-t_f}\frac{\partial k_h}{\partial H}-\frac{t_b}{k_H}\frac{1}{k_H-t_b}\frac{\partial k_H}{\partial H}\right) \tag{2-100}$$

$$\frac{\partial H_n}{\partial h}=\frac{1}{2}\frac{\partial H_b}{\partial h}+\frac{1}{2f}\frac{1}{h}-\frac{1}{2f}\left(\frac{t_f}{k_h}\frac{1}{k_h-t_f}\frac{\partial k_h}{\partial h}-\frac{t_b}{k_H}\frac{1}{k_H-t_b}\frac{\partial k_H}{\partial h}\right) \tag{2-101}$$

$$\frac{\partial H_n}{\partial t_f}=\frac{1}{2}\frac{\partial H_b}{\partial t_f}+\frac{1}{2f}\frac{1}{k_h-t_f} \tag{2-102}$$

$$\frac{\partial H_n}{\partial t_b}=\frac{1}{2}\frac{\partial H_b}{\partial t_b}-\frac{1}{2f}\frac{1}{k_H-t_b} \tag{2-103}$$

$$\frac{\partial H_n}{\partial f}=\frac{1}{2}\frac{\partial H_b}{\partial f}+\frac{1}{2f}(H_b-2H_n) \tag{2-104}$$

$$\frac{\partial H_n}{\partial a_1}=\frac{1}{2}\frac{\partial H_b}{\partial a_1}-\frac{1}{2f}\left(\frac{t_f}{k_h}\frac{1}{k_h-t_f}\frac{\partial k_h}{\partial a_1}-\frac{t_b}{k_H}\frac{1}{k_H-t_b}\frac{\partial k_H}{\partial a_1}\right) \tag{2-105}$$

在 H_n 的偏微分系数，又包含 H_b、k_H 与 k_h 的偏微分系数：

$$\frac{\partial H_b}{\partial \lambda}=\frac{H_b}{2R'}\frac{\partial R'}{\partial \lambda}+(1-\varepsilon)\left(\frac{\alpha}{h}\frac{\partial R'}{\partial \lambda}+\frac{2R'}{h}\frac{\partial \alpha}{\partial h}\right) \tag{2-106}$$

式中 λ——分别代表 R、H_0、H、B、t_f、t_b、f 和 a_1 等参数。

当 λ 为 h 时：

$$\frac{\partial H_b}{\partial h}=\frac{H_b}{2R'}\left(\frac{\partial R'}{\partial h}-\frac{R'}{h}\right)+(1-\varepsilon)\left[\frac{\alpha}{h}\left(\frac{\partial R'}{\partial h}-\frac{R'}{h}\right)+\frac{2R'}{h}\frac{\partial \alpha}{\partial h}\right] \tag{2-107}$$

在 H_b 的偏微分系数中包含咬入角 α 的偏微分系数：

$$\frac{\partial \alpha}{\partial \lambda}=-\frac{\alpha}{2R'}\frac{\partial R'}{\partial \lambda} \tag{2-108}$$

式中 λ——分别代表 R、H_0、B、t_f、t_b、f 和 a_1 等参数。

当 λ 为 H 和 h 时：

$$\frac{\partial \alpha}{\partial H}=-\frac{\alpha}{2R'}\left(\frac{\partial R'}{\partial H}-\frac{1}{\alpha^2}\right) \tag{2-109}$$

$$\frac{\partial \alpha}{\partial h}=-\frac{\alpha}{2R'}\left(\frac{\partial R'}{\partial h}+\frac{1}{\alpha^2}\right) \tag{2-110}$$

对于正向轧制的第一机架：

$$\left(\frac{\partial \alpha}{\partial H_0}\right)_1 = \left(\frac{\partial \alpha}{\partial H}\right)_1 = -\frac{\alpha}{2R'}\left(\frac{\partial R'}{\partial H} - \frac{1}{\alpha^2}\right) \tag{2-111}$$

k_{H} 与 k_{h} 的偏微分系数：

$$\frac{\partial k_{\mathrm{H}}}{\partial H} = \frac{a_3}{\varepsilon_{\mathrm{H}} + a_2}\frac{1}{H_0}k_{\mathrm{H}}\text{，对于第一机架}\left(\frac{\partial k_{\mathrm{H}}}{\partial H}\right)_1 = 0 \tag{2-112}$$

$$\frac{\partial k_{\mathrm{H}}}{\partial h} = 0 \tag{2-113}$$

$$\frac{\partial k_{\mathrm{H}}}{\partial H_0} = \frac{a_3}{\varepsilon_{\mathrm{H}} + a_2}\frac{1 - \varepsilon_{\mathrm{H}}}{H_0}k_{\mathrm{H}}\text{，对于第一机架}\left(\frac{\partial k_{\mathrm{H}}}{\partial H_0}\right)_1 = \left(\frac{\partial k_{\mathrm{H}}}{\partial H}\right)_1 = 0 \tag{2-114}$$

$$\frac{\partial k_{\mathrm{H}}}{\partial a_1} = \frac{k_{\mathrm{H}}}{a_1} \tag{2-115}$$

$$\frac{\partial k_{\mathrm{h}}}{\partial H} = 0 \tag{2-116}$$

$$\frac{\partial k_{\mathrm{h}}}{\partial H_0} = \frac{a_3}{\varepsilon_{\mathrm{h}} + a_2}\frac{1 - \varepsilon_{\mathrm{h}}}{H}k_{\mathrm{h}} \tag{2-117}$$

对于正向轧制的第一机架：

$$\left(\frac{\partial k_{\mathrm{h}}}{\partial H_0}\right)_1 = \left(\frac{\partial k_{\mathrm{h}}}{\partial H}\right)_1 = \frac{a_3}{\varepsilon_{\mathrm{h}} + a_2}\frac{1 - \varepsilon_{\mathrm{h}}}{H_0}k_{\mathrm{h}} \tag{2-118}$$

$$\frac{\partial k_{\mathrm{h}}}{\partial h} = -\frac{a_3}{\varepsilon_{\mathrm{h}} + a_2}\frac{1 - \varepsilon_{\mathrm{h}}}{H_0}k_{\mathrm{h}} \tag{2-119}$$

$$\frac{\partial k_{\mathrm{h}}}{\partial a_1} = \frac{k_{\mathrm{h}}}{a_1} \tag{2-120}$$

对于逆向轧制，轧件经过一次冷连轧后，未经退火处理而继续进行冷连轧，此时的坯料厚度 H 和正向轧制 $H=H_0$ 的情况不同，而是 $H \neq H_0$，在此仅给出与正向轧制有区别的偏微分系数。

2.3.3.1　轧制压力偏微分系数

$$\frac{\partial F}{\partial H} = -\frac{P_{\mathrm{p}}}{H}\left[-\frac{0.4a_3}{\bar{\varepsilon} + a_2}\frac{H}{H_0}\frac{1}{n_{\mathrm{t}}} + \frac{1}{2\varepsilon}\frac{R}{R'} + \frac{1.79f}{2Q_{\mathrm{p}}}\sqrt{\frac{R'}{H}}\left(1 - 3\varepsilon + \frac{R}{R'}\right) - \frac{1.02}{Q_{\mathrm{p}}}(1 - \varepsilon)\right] -$$

$$\frac{P_{\mathrm{e1}}}{H}\left[1 - \left(\frac{1}{\varepsilon} - \frac{1}{2\varepsilon}\frac{R}{R'}\right)\right] + \frac{P_{\mathrm{e1}}}{H_0}\frac{0.8k}{k - t_{\mathrm{b}}}\frac{a_3}{\bar{\varepsilon} + a_2} - \frac{P_{\mathrm{e2}}}{H}\frac{1}{2\varepsilon}\frac{R}{R'} + \frac{P_{\mathrm{e2}}}{H_0}\frac{0.6k}{k - t_{\mathrm{f}}}\frac{a_3}{\bar{\varepsilon} + a_2}$$

$$\left(\frac{\partial F}{\partial H}\right)_2 = 0 \tag{2-122}$$

2.3.3.2 轧制力矩偏微分系数

$$\frac{\partial M}{\partial H_0} = M_0\left(\frac{1}{\bar{k}}\frac{\partial \bar{k}}{\partial H_0} + \frac{1}{n_t'}\frac{\partial n_t'}{\partial H_0} + \frac{1}{Q_p'}\frac{\partial Q_p'}{\partial H_0}\right) \tag{2-123}$$

$$\left(\frac{\partial \bar{k}}{\partial H}\right)_1 = -\frac{a_3}{\bar{\varepsilon} + a_2}\frac{0.4}{H_0}\bar{k} \qquad \left(\frac{\partial \bar{k}}{\partial H}\right)_2 = 0 \tag{2-124}$$

$$\left(\frac{\partial n_t'}{\partial H}\right)_1 = -\frac{a_3}{\bar{\varepsilon} + a_2}\frac{0.4}{H_0}(1 - n_t') \qquad \left(\frac{\partial n_t'}{\partial H}\right)_2 = 0 \tag{2-125}$$

$$\left(\frac{\partial Q_p'}{\partial H}\right)_1 = 1.32\frac{h}{H^2}f\sqrt{\frac{R'}{H}} + \frac{0.07 + 1.32\varepsilon}{2}f\frac{1}{\sqrt{\frac{R'}{H}}}\frac{1}{H}\left(\frac{\partial R'}{\partial H} - \frac{R'}{H}\right) - 0.85\frac{h}{H^2} \tag{2-126}$$

$$\left(\frac{\partial Q_p'}{\partial H}\right)_2 = 0 \tag{2-127}$$

2.3.3.3 前滑的偏微分系数

$$\left(\frac{\partial k_H}{\partial H}\right)_1 = -\frac{a_3}{\bar{\varepsilon} + a_2}\frac{1}{H_0}k_H, \left(\frac{\partial k_H}{\partial H}\right)_2 = 0 \tag{2-128}$$

$$\frac{\partial k_H}{\partial H_0} = \frac{a_3}{\varepsilon_H + a_2}\frac{1 - \varepsilon_H}{H_0}k_H \tag{2-129}$$

$$\frac{\partial k_h}{\partial H} = 0 \tag{2-130}$$

$$\frac{\partial k_h}{\partial H_0} = \frac{a_3}{\varepsilon_h + a_2}\frac{1 - \varepsilon_h}{H}k_h \tag{2-131}$$

2.4 特殊偏微分系数的处理

2.4.1 一轧程时的特殊偏微分系数

第一轧程时，坯料厚度与第一机架入口厚度相同。所以在计算变形抗力时，入口变形程度为0，则在求解对坯料厚度的偏微分系数时，关于第一机架入口厚度的表达形式应有所不同，这里进行单独处理。

$$\frac{\partial F}{\partial H}=\frac{\partial F}{\partial H_0}$$
$$=-\frac{P}{H}\left[\frac{0.6a_3}{\bar{\varepsilon}+a_2}\frac{h}{H_0}\frac{1}{n_t}+\frac{1}{2\varepsilon}\frac{R}{R'}+\frac{1.79f}{2Q_p}\sqrt{\frac{R'}{H}}\left(1-3\varepsilon+\frac{R}{R'}\right)-\frac{1.02}{Q_p}(1-\varepsilon)\right] \tag{2-132}$$

$$\frac{\partial M}{\partial H}=\frac{\partial M}{\partial H_0}=M_0\left(\frac{1}{\bar{k}}\frac{\partial \bar{k}}{\partial H_0}+\frac{1}{n'_t}\frac{\partial n'_t}{\partial H_0}+\frac{1}{H_0-h}+\frac{1}{Q'_p}\frac{\partial Q'}{\partial H_0}\right)+RBt_b \tag{2-133}$$

$$\frac{\partial \bar{k}}{\partial H}=\frac{\partial \bar{k}}{\partial H_0}=0.6\frac{a_3}{\bar{\varepsilon}+a_2}\frac{1-\varepsilon_h}{H_0}\bar{k} \tag{2-134}$$

$$\frac{\partial R'}{\partial H}=\frac{\partial R'}{\partial H_0}=(R'-R)\left(\frac{1}{P}\frac{\partial P}{\partial H_0}-\frac{1}{H_0-h}\right) \tag{2-135}$$

$$\frac{\partial Q'_p}{\partial H}=\frac{\partial Q'_p}{\partial H_0}=1.32\frac{h}{H^2}f\sqrt{\frac{R'}{H_1}}+\frac{0.07+1.32\varepsilon}{2}f\frac{1}{\sqrt{R'/H}}\frac{1}{H}\left(\frac{\partial R'}{\partial H}-\frac{R'}{H}\right)-0.85\frac{h}{H^2} \tag{2-136}$$

$$\frac{\partial n'_t}{\partial H}=\frac{\partial n'_t}{\partial H_0}=\frac{a_3}{\bar{\varepsilon}+a_2}\frac{0.6(1-\varepsilon_h)}{H_0}(1-n'_t) \tag{2-137}$$

$$\frac{\partial H_n}{\partial H}=\frac{\partial H_n}{\partial H_0}=\frac{1}{2}\frac{\partial H_b}{\partial H}-\frac{1}{2f}\frac{1}{H}-\frac{1}{2f}\left(\frac{t_f}{k_h}\frac{1}{k_h-t_f}\frac{\partial k_h}{\partial H}-\frac{t_b}{k_H}\frac{1}{k_H-t_b}\frac{\partial k_H}{\partial H}\right) \tag{2-138}$$

$$\frac{\partial k_H}{\partial H_0}=0 \tag{2-139}$$

$$\frac{\partial k_h}{\partial H}=\frac{\partial k_h}{\partial H_0}=\frac{a_3}{\varepsilon_h+a_2}\frac{1-\varepsilon_h}{H_0}k_h \tag{2-140}$$

$$\frac{\partial k_h}{\partial a_1}=\frac{k_h}{a_1} \tag{2-141}$$

$$\frac{\partial \alpha}{\partial H}=\frac{\partial \alpha}{\partial H_0}=-\frac{\alpha}{2R'}\left(\frac{\partial R'}{\partial H}-\frac{1}{\alpha^2}\right) \tag{2-142}$$

2.4.2　多轧程时的特殊偏微分系数

轧件经过一次冷连轧后，未经退火处理而继续进行冷连轧的情况称作多轧程轧制。此时进入连轧机组的坯料厚度为 H_1，用 H_0 表示原始坯料厚度，即进第一轧程时的坯料厚度。与一个轧程时的 $H_0=H_1$ 情况不同，这里 $H_0\neq H_1$。多轧程连轧过程的稳态分析仍然可以采用影响系数法，但涉及原始坯料厚度的偏微分系数是不同的，因此对其偏微分系数进行单独处理。

2.4.2.1　轧制压力偏微分系数

对于第一机架，有：

$$\frac{\partial F}{\partial H_1} = -\frac{P}{H_1}\left[-\frac{0.4a_3}{\bar{\varepsilon}+a_2}\frac{H_1}{H_0}\frac{1}{n_t}+\frac{1}{2\varepsilon}\frac{R}{R'}+\frac{1.79f}{2Q_p}\sqrt{\frac{R'}{H_1}}\left(1-3\varepsilon+\frac{R}{R'}\right)-\frac{1.02}{Q_p}(1-\varepsilon)\right] \tag{2-143}$$

对于其余机架，有：

$$\frac{\partial F}{\partial H_1} = 0 \tag{2-144}$$

2.4.2.2　轧制力矩的偏微分系数

$$\frac{\partial M}{\partial H_1} = M_0\left(\frac{1}{\bar{k}}\frac{\partial \bar{k}}{\partial H_1}+\frac{1}{n_t'}\frac{\partial n_t'}{\partial H_1}+\frac{1}{H_1-h}+\frac{1}{Q_p'}\frac{\partial Q_p'}{\partial H_1}\right)+RBt_b \tag{2-145}$$

由式（2-26）可知在轧制力矩的偏微分系数中包含 $\bar{k}$、n_t' 以及 Q_p' 相关的偏微分系数，这里对其中有区别的偏微分系数进行单独处理。

A　平均变形抗力 $\bar{k}$ 的偏微分系数

对于第一机架，有：

$$\frac{\partial \bar{k}}{\partial H_1} = -\frac{a_3}{\bar{\varepsilon}+a_2}\frac{0.4}{H_0}\bar{k} \tag{2-146}$$

对于其余机架，有：

$$\frac{\partial \bar{k}}{\partial H_1} = 0 \tag{2-147}$$

B　张力因子 n_t' 的偏微分系数

对于第一机架，有：

$$\frac{\partial n_t'}{\partial H_1} = -\frac{a_3}{\bar{\varepsilon}+a_2}\frac{0.4}{H_0}(1-n_t') \tag{2-148}$$

对于其余机架，有：

$$\frac{\partial n_t'}{\partial H_1} = 0 \tag{2-149}$$

C　应力状态系数的偏微分系数

对于第一机架，有：

$$\frac{\partial Q_p'}{\partial H_1} = 1.32\frac{h}{H_1^2}f\sqrt{\frac{R'}{H_1}}+\frac{(0.07+1.32\varepsilon)}{2}f\frac{1}{\sqrt{R'/H_1}}\frac{1}{H_1}\left(\frac{\partial R'}{\partial H_1}-\frac{R'}{H_1}\right)-0.85\frac{h}{H_1^2} \tag{2-150}$$

对于其余机架，有：

$$\frac{\partial Q_{\mathrm{p}}'}{\partial H_1} = 0 \tag{2-151}$$

2.4.2.3　前滑的偏微分系数

$$\frac{\partial s_{\mathrm{h}}}{\partial H_1} = 2\gamma \frac{R'}{h} \frac{\partial \gamma}{\partial H_1} + \frac{\gamma^2}{h} \frac{\partial R'}{\partial H_1} \tag{2-152}$$

由式可以看出，其中还包含 γ、H_{n}、H_{b}、α、k_{H} 以及 k_{h} 相关的偏微分系数。

A　k_{H} 相关的偏微分系数

对于第一机架，有：

$$\frac{\partial k_{\mathrm{H}}}{\partial H_1} = -\frac{a_3}{\bar{\varepsilon} + a_2} \frac{1}{H_0} k_{\mathrm{H}} \tag{2-153}$$

对于其余机架，有：

$$\frac{\partial k_{\mathrm{H}}}{\partial H_1} = 0 \tag{2-154}$$

B　k_{h} 相关的偏微分系数

$$\frac{\partial k_{\mathrm{h}}}{\partial H_1} = 0 \tag{2-155}$$

2.5　影响系数的求解

2.5.1　求解方案的确定

得到全部偏微分系数后，即可计算由式（2-18）、式（2-38）和式（2-44）构成的基本方程组的全部系数 ν_λ、σ_λ、η_λ。只要给出足够的已知变量值，解此方程组就可以得到在新的稳态下的 6 个未知变量值。

一般将冷连轧机组参数分为扰动量、控制量和目标量。其中扰动量包括辊颈变化量 $\delta R/R$、摩擦系数变化量 $\delta f/f$、宽度变化量 $\delta B/B$、来料硬度波动 $\delta a_1/a_1$ 和来料厚度变化量 $\delta H_0/H_0$ 等。控制量包括辊缝变化量 δS、辊速变化量 $\delta N/N$ 和机架间张力变化量 $\delta t_{\mathrm{f}}/t_{\mathrm{f}}$。目标量包括出口厚度波动 $\delta h/h$、机架间张力波动 $\delta t_{\mathrm{f}}/t_{\mathrm{f}}$、秒流量变化量 $\delta U/U$ 和机架功率变化量 $\delta W/W$ 等。

可以在给定调节量 δS、$\delta N/N$ 及 $\delta f/f$ 和给定干扰量 $\delta H_0/H_0$ 和 $\delta a_1/a_1$ 的情况下，求解在轧制过程过渡到新稳态后，目标量 $\delta h/h$、$\delta t_{\mathrm{f}}/t_{\mathrm{f}}$、$\delta U/U$ 和 $\delta W/W$ 的变化规律。

2.5.2　基本方程组的矩阵表示

把含未知量各项置于方程组左侧，已知量各项置于方程组右侧，将式（2-

18)、式（2-38）和式（2-44）构成的基本方程联立，得：

$$\sigma_{Hi}\left(\frac{\delta H}{H}\right)_i+(1+\sigma_{hi})\left(\frac{\delta h}{h}\right)_i+\sigma_{t_{fi}}\left(\frac{\delta t_f}{t_f}\right)_i+\sigma_{t_{bi}}\left(\frac{\delta t_b}{t_b}\right)_i+\sigma_U\left(\frac{\delta U}{U}\right)$$
$$=-\sigma_{H_{0i}}\left(\frac{\delta H_0}{H_0}\right)-(1+\sigma_{Ri})\left(\frac{\delta R}{R}\right)_i-(1+\sigma_{Bi})\left(\frac{\delta B}{B}\right)_i-\sigma_{fi}\left(\frac{\delta f}{f}\right)_i-\sigma_{Ni}\left(\frac{\delta N}{N}\right)_i-\sigma_{a_1}\left(\frac{\delta a_1}{a_1}\right) \tag{2-156}$$

$$\nu_{Hi}\left(\frac{\delta H}{H}\right)_i+\nu_{hi}\left(\frac{\delta h}{h}\right)_i+\nu_{t_{fi}}\left(\frac{\delta t_f}{t_f}\right)_i+\nu_{t_{bi}}\left(\frac{\delta t_b}{t_b}\right)_i$$
$$=-\nu_{Si}\delta S_i-\nu_{Ri}\left(\frac{\delta R}{R}\right)_i-\nu_{H_{0i}}\left(\frac{\delta H_0}{H_0}\right)-\nu_{Bi}\left(\frac{\delta B}{B}\right)_i-\nu_{fi}\left(\frac{\delta f}{f}\right)_i-\nu_{a_1}\left(\frac{\delta a_1}{a_1}\right) \tag{2-157}$$

$$\eta_{Hi}\left(\frac{\delta H}{H}\right)_i+\eta_{hi}\left(\frac{\delta h}{h}\right)_i+\eta_{t_{fi}}\left(\frac{\delta t_f}{t_f}\right)_i+\eta_{t_{bi}}\left(\frac{\delta t_b}{t_b}\right)_i+\eta_{Wi}\left(\frac{\delta W}{W}\right)_i$$
$$=-\eta_{Ri}\left(\frac{\delta R}{R}\right)_i-\eta_{H_{0i}}\left(\frac{\delta H_0}{H_0}\right)-\eta_{Bi}\left(\frac{\delta B}{B}\right)_i-\eta_{fi}\left(\frac{\delta f}{f}\right)_i-\eta_{a_1}\left(\frac{\delta a_1}{a_1}\right)-\eta_{N_i}\left(\frac{\delta N}{N}\right)_i \tag{2-158}$$

在式（2-156）~式（2-158）组成的方程组中，可以假定开卷张力 t_{b1} 与卷取张力 t_{f2} 是恒定的，即有 $(\delta t_b/t_b)_1=(\delta t_f/t_f)_2=0$。在冷连轧薄带过程中，可以忽略宽展，即有 $(\delta B/B)_1=(\delta B/B)_2=0$，根据稳态情况下相邻机架间张力与厚度之间的关系，则有 $(\delta t_b/t_b)_2=(\delta t_f/t_f)_1$，$(\delta H/H)_2=(\delta h/h)_1$。对于正向轧制，第一机架的入口厚度变化量就是坯料厚度的变化量，有 $(\delta H/H)_1=\delta H_0/H_0$。

经过上述处理，方程组中左端未知量个数由原来的 9 个（入、出口厚度与功率变化量各 2 个，前、后张力变化量各 1 个，秒流量变化量 1 个）减少为 6 个（出口厚度与功率变化量各 2 个，前张力变化量 1 个，秒流量变化量 1 个）。又因为各机架工作辊辊径 R_i 不变，则方程组右端的已知量个数由原来的 12 个（辊缝、转速、辊径、宽度与摩擦系数变化量各 2 个，原始坯料厚度与变形抗力变化量各 1 个）减少为 8 个，经上述简化过程后，可将方程组写成矩阵的形式，即

$$\boldsymbol{AX}=\boldsymbol{CY} \tag{2-159}$$

式中 $\boldsymbol{A}$——未知量的系数矩阵；

$\boldsymbol{X}$——未知量的列向量；

$\boldsymbol{C}$——已知量的系数矩阵；

$\boldsymbol{Y}$——已知量的列向量。

右端 $\boldsymbol{C}$ 为 6×8 维矩阵，$\boldsymbol{Y}$ 为 8 维列向量；左端 $\boldsymbol{A}$ 为 6 维方阵，$\boldsymbol{X}$ 为 6 维列向量。而在后续轧程轧制时，由于增加了一个入口机架厚度 H_1 的影响项，故 $\boldsymbol{C}$ 为

6×9 维矩阵，$\boldsymbol{Y}$ 为 9 维列向量。

$$
\boldsymbol{A}=\begin{bmatrix}
1+\sigma_{h1} & & \sigma_{t_{f1}} & -1 & & \\
\sigma_{H2} & 1+\sigma_{h2} & \sigma_{t_{b2}} & -1 & & \\
\nu_{h1} & & \nu_{t_{f1}} & & & \\
\nu_{H2} & \nu_{h2} & \nu_{t_{b2}} & & & \\
\eta_{h1} & & \eta_{t_{f1}} & & -1 & \\
\eta_{H2} & \eta_{h2} & \eta_{t_{b2}} & & & -1
\end{bmatrix}
\quad
\boldsymbol{X}=\begin{bmatrix}
(\delta h/h)_1 \\
(\delta h/h)_2 \\
(\delta t_f/t_f)_1 \\
\delta U/U \\
(\delta W/W)_1 \\
(\delta W/W)_2
\end{bmatrix}
$$

$$
\boldsymbol{C}=\begin{bmatrix}
 & & -1 & & -\sigma_{f1} & & -\sigma_{H01} & -\sigma_{a11} \\
 & & & -1 & & -\sigma_{f2} & -\sigma_{H02} & -\sigma_{a12} \\
-\nu_{s1} & & & & -\nu_{f1} & & -\nu_{H01} & -\nu_{a11} \\
 & -\nu_{s2} & & & & -\nu_{f2} & -\nu_{H02} & -\nu_{a12} \\
 & & -1 & & -\eta_{f1} & & -\eta_{H01} & -\eta_{a11} \\
 & & & -1 & & -\eta_{f2} & -\eta_{H02} & -\eta_{a12}
\end{bmatrix}
\quad
\boldsymbol{Y}=\begin{bmatrix}
\delta S_1 \\
\delta S_2 \\
(\delta N/N)_1 \\
(\delta N/N)_2 \\
(\delta f/f)_1 \\
(\delta f/f)_2 \\
\delta H_0/H_0 \\
\delta a_1/a_1
\end{bmatrix}
$$

后续轧程，未知量系数矩阵 $\boldsymbol{A}$ 和未知量向量 $\boldsymbol{X}$ 与正向轧制完全一致，已知量系数矩阵 $\boldsymbol{C}$ 和已知量列向量 $\boldsymbol{Y}$ 和正向轧制略有不同，多了 $\delta H_1/H_1$ 及系数项，即：

$$
\boldsymbol{C}=\begin{bmatrix}
 & & -1 & & -\sigma_{f1} & & -\sigma_{H01} & -\sigma_{H_1} & -\sigma_{a11} \\
 & & & -1 & & -\sigma_{f2} & -\sigma_{H02} & & -\sigma_{a12} \\
-\nu_{s1} & & & & -\nu_{f1} & & -\nu_{H01} & -\nu_{H_1} & -\nu_{a11} \\
 & -\nu_{s2} & & & & -\nu_{f2} & -\nu_{H02} & & -\nu_{a12} \\
 & & -1 & & -\eta_{f1} & & -\eta_{H01} & -\eta_{H_1} & -\eta_{a11} \\
 & & & -1 & & -\eta_{f2} & -\eta_{H02} & & -\eta_{a12}
\end{bmatrix}
$$

$$
Y = \begin{bmatrix} \delta S_1 \\ \delta S_2 \\ (\delta N/N)_1 \\ (\delta N/N)_2 \\ (\delta f/f)_1 \\ (\delta f/f)_2 \\ \delta H_0/H_0 \\ \delta H_1/H_1 \\ \delta a_1/a_1 \end{bmatrix}
$$

2.5.3　影响系数及其计算方法

在连轧过程的相邻两个稳态之间，由于受到式（2-159）的约束，给定的已知量和待定的未知量之间有着固定的相互关系，表示这种相互关系的系数称作影响系数。

若仅给出一个已知量的变化量，而令其他已知量的变化量值为零，对方程组求解，则得到在这个唯一已知量的变化量作用下，各种参数的改变量。例如，给定第 j 机架的辊缝变化量 δS_j，而其他各个已知量的变化量均为零，则可解得 6 个未知量的变化量（列向量 $\boldsymbol{X}$）。这些未知量的变化量都是在唯一的 δS_j 作用下产生的，因此若令 $A_{ij}=(\delta h/h)_i/\delta S_j$，则系数 A_{ij} 表示第 j 机架辊缝变化量 δS_j 对第 i 机架带钢出口厚度变化量 $(\delta h/h)_i$ 的影响，称为影响系数。

上述设定已知量，在方程组求解完毕后再进行影响系数计算的方法过于繁琐，因此可以采用对线性方程组进行矩阵运算的方法求解影响系数，具体计算过程如下：

$$
\boldsymbol{X} = \boldsymbol{A}^{-1}\boldsymbol{C}\boldsymbol{Y} \tag{2-160}
$$

令 $\boldsymbol{B}=\boldsymbol{A}^{-1}\boldsymbol{C}$，则

$$
\boldsymbol{X} = \boldsymbol{B}\boldsymbol{Y} \tag{2-161}
$$

式中　$\boldsymbol{B}$——影响系数矩阵。

2.5.4　影响系数计算流程图

影响系数计算流程如图 2-1 所示。

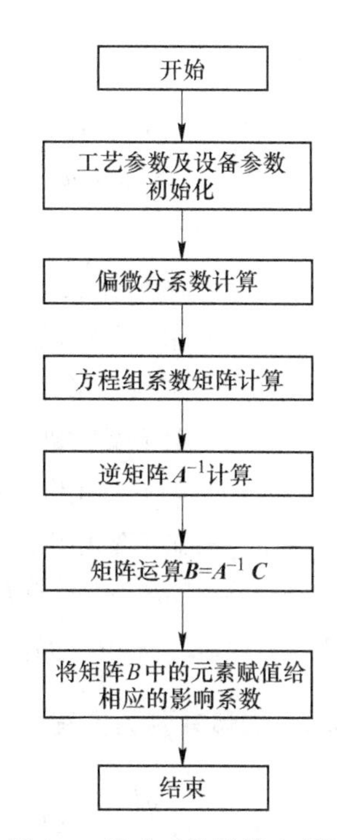

图 2-1　影响系数计算流程图

2.6　板凸度影响因素求解方案

前面章节影响系数求解法是针对轧制条件对产品厚度和机架间张力的影响而建立的，主要应用弹跳模型、功率模型及流量模型线性化的方式建立线性方程组求解而得，如果引入板凸度方程，则可以加上弹跳模型和流量方程线性化的方法，建立求解包含对板凸度影响的线性方程组，本书以仅考虑轧制力对板凸度的影响为例进行分析。

2.6.1　增量厚度方程

$$h_{1i} = S_i + \frac{P_i}{K_{mi}} \tag{2-162}$$

式中　h_{1i}——第 i 架轧机出口轧件的厚度，mm；

S_i——第 i 架轧机的辊缝值，mm；

P_i——第 i 架轧机的轧制力，N；

K_{mi}——第 i 架轧机纵向刚度，N/mm；

i——表示机架序号的下标（下同）。

弹跳方程的增量形式为：

$$\delta h_{1i} = \delta S_i + \frac{\delta P_i}{K_{mi}} \tag{2-163}$$

经整理后得到以弹跳方程为基础的板厚增量方程，即：

$$\delta h_{1i} = a_{S_i} \cdot \delta S_i + a_{h_i} \cdot \delta h_{0i} + a_{K_i} \cdot \delta K_0 + a_{\mu_i} \cdot \delta \mu_i + a_{\tau_{fi}} \cdot \delta \tau_{fi} + a_{\tau_{bi}} \cdot \delta \tau_{bi} + a_{H_0} \cdot \delta H_0 \tag{2-164}$$

式中　H_0——来料厚度，mm；

h_{0i}——第 i 架轧机入口轧件的厚度，mm；

K_0——来料变形抗力，MPa；

μ_i——第 i 架轧机的摩擦系数；

τ_{fi}——第 i 架轧机的前张力，MPa；

τ_{bi}——第 i 架轧机的后张力，MPa。

其中，$a_{h_i} = (\partial P_i/\partial h_{0i})/(K_{mi} - \partial P_i/\partial h_{1i})$；$a_{S_i} = K_{mi}/(K_{mi} - \partial P_i/\partial h_{1i})$；$a_{Ai} = (\partial P_i/\partial A_i)/(K_{mi} - \partial P_i/\partial h_{1i})$（$A$ 代表 K，τ_b，τ_f，H_0 及 μ 等）。

2.6.2　增量轧制力方程

$$\delta P_i = \left(\frac{\partial P_i}{\partial h_{0i}}\right) \cdot \delta h_{0i} + \left(\frac{\partial P_i}{\partial h_{1i}}\right) \cdot \delta h_{1i} + \left(\frac{\partial P_i}{\partial K_i}\right) \cdot \delta K_0 + \left(\frac{\partial P_i}{\partial H_0}\right) \cdot \delta H_0 +$$

$$\left(\frac{\partial P_i}{\partial \mu_i}\right) \cdot \delta\mu_i + \left(\frac{\partial P_i}{\partial \tau_{fi}}\right) \cdot \delta\tau_{fi} + \left(\frac{\partial P_i}{\partial \tau_{bi}}\right) \cdot \delta\tau_{bi} \tag{2-165}$$

将增量厚度方程代入上式，整理可得：

$$\delta P_i = b_{h_i} \cdot \delta h_{0i} + b_{K_i} \cdot \delta K_0 + b_{\mu_i} \cdot \delta\mu_i + b_{S_i} \cdot \delta S_i + b_{\tau_{fi}} \cdot \delta\tau_{fi} + b_{\tau_{bi}} \cdot \delta\tau_{bi} + b_{H_0} \cdot \delta H_0 \tag{2-166}$$

其中，$b_{h_i} = K_{mi} \cdot (\partial P_i/\partial h_{0i})/(K_{mi} - \partial P_i/\partial h_{1i})$；$b_{S_i} = K_{mi} \cdot (\partial P_i/\partial h_{1i})/(K_{mi} - \partial P_i/\partial h_{1i})$；$b_{A_i} = K_{mi} \cdot (\partial P_i/\partial A_i)/(K_{mi} - \partial P_i/\partial h_{1i})$（$A$ 代表 K, τ_b, τ_f, H_0 及 μ 等）。

2.6.3 增量凸度方程

仅考虑轧制力影响项的凸度方程为：

$$CR_i = P_i/K_{P_i} \tag{2-167}$$

式中 CR_i——第 i 架轧机辊缝凸度值，mm；

K_{P_i}——轧制力对辊系弯曲变形影响的横向刚度，N/mm。

将方程增量化，并代入增量轧制力方程，整理得：

$$\delta CR_i = c_{h_i} \cdot \delta h_{0i} + c_{S_i} \cdot \delta S_i + c_{K_i} \cdot \delta K + c_{\mu_i} \cdot \delta\mu_i + c_{\tau_{fi}} \cdot \delta\tau_{fi} + c_{\tau_{bi}} \cdot \delta\tau_{bi} + c_{H_0} \cdot \delta H_0 \tag{2-168}$$

其中，$c_{h_i} = K_{mi} \cdot (\partial P_i/\partial h_{0i})/((K_{mi} - \partial P_i/\partial h_{1i}) \cdot K_{Pi})$；$c_{S_i} = K_{mi}/(K_{mi} - \partial P_i/\partial h_{1i}) \cdot (\partial P_i/\partial h_{1i})/K_{Pi}$；$c_{A_i} = K_{mi}/(K_{mi} - \partial P_i/\partial h_{1i}) \cdot (\partial P_i/\partial A_i)/K_{Pi}$（$A$ 代表 K, τ_b, τ_f, H_0 及 μ 等）。

2.6.4 增量流量方程

秒流量方程为：

$$b_i h_{1i} v_i = Q \tag{2-169}$$

式中 Q——秒流量；

v_i——第 i 架轧机出口轧件的速度，m/s；

b_i——轧件宽度，mm。

冷轧过程中忽略宽展，且：

$$v_i = v_{0i} \cdot (1 + f_i) \tag{2-170}$$

式中 v_i——出口轧件速度，m/s；

v_{0i}——轧辊线速度，m/s；

f_i——前滑。

增量化后，得：

$$v_{0i} \cdot (1 + f_i) \cdot \delta h_{1i} + h_{1i} \cdot (1 + f_i) \cdot \delta v_{0i} + h_{1i} \cdot v_{0i} \cdot \delta f_i = \delta Q \tag{2-171}$$

由于前滑 f_i 的函数式为：

$$f = f(h_{0i}, h_{1i}, \tau_{fi}, \tau_{bi}) \tag{2-172}$$

所以，

$$\delta f_i = \left(\frac{\partial f_i}{\partial h_{0i}}\right) \cdot \delta h_{0i} + \left(\frac{\partial f_i}{\partial h_{1i}}\right) \cdot \delta h_{1i} + \left(\frac{\partial f_i}{\partial \tau_{fi}}\right) \cdot \delta \tau_{fi} + \left(\frac{\partial f_i}{\partial \tau_{bi}}\right) \cdot \delta \tau_{bi} \tag{2-173}$$

代入增量化秒流量方程，整理可得：

$$\delta Q = H_{h_i} \cdot \delta h_{0i} + H_{S_i} \cdot \delta S_i + H_{K_i} \cdot \delta K + H_{\tau_{bi}} \cdot \delta \tau_{bi} + H_{\tau_{fi}} \cdot \delta \tau_{fi} + H_{\mu_i} \cdot \delta \mu_i + H_{v_i} \cdot \delta v_{0i} + H_{H_0} \cdot \delta H_0 \tag{2-174}$$

其中，$H_{h_i} = (v_{0i} \cdot (1 + f_i) + h_{1i} \cdot v_{0i} \cdot (\partial f_i / \partial h_{1i})) \cdot a_{h_i} + h_{1i} \cdot v_{0i} \cdot (\partial f_i / \partial h_{0i})$；

$H_{S_i} = (v_{0i} \cdot (1 + f_i) + h_{1i} \cdot v_{0i} \cdot (\partial f_i / \partial h_{1i})) \cdot a_{S_i}$；

$H_{H_0} = (v_{0i} \cdot (1 + f_i) + h_{1i} \cdot v_{0i} \cdot (\partial f_i / \partial h_{1i})) \cdot a_{H_0}$；

$H_{K_i} = (v_{0i} \cdot (1 + f_i) + h_{1i} \cdot v_{0i} \cdot (\partial f_i / \partial h_{1i})) \cdot a_{K_i}$；

$H_{\mu_i} = (v_{0i} \cdot (1 + f_i) + h_{1i} \cdot v_{0i} \cdot (\partial f_i / \partial h_{1i})) \cdot a_{\mu_i}$；

$H_{\tau_{fi}} = (v_{0i} \cdot (1 + f_i) + h_{1i} \cdot v_{0i} \cdot (\partial f_i / \partial h_{1i})) \cdot a_{\tau_{fi}} + h_{1i} \cdot v_{0i} \cdot (\partial f_i / \partial \tau_{fi})$；

$H_{\tau_{bi}} = (v_{0i} \cdot (1 + f_i) + h_{1i} \cdot v_{0i} \cdot (\partial f_i / \partial h_{1i})) \cdot a_{\tau_{bi}} + h_{1i} \cdot v_{0i} \cdot (\partial f_i / \partial \tau_{bi})$；

$H_{v_i} = h_{1i} \cdot (1 + f_i)$。

2.6.5　凸度影响因素的基本方程

式（2-166）、式（2-168）、式（2-174）构成了一个包括 6 个方程的线性方程组，这个方程组描述了稳态条件下各机架参数之间的相互关系，给定已知量的变化，通过求解此方程组，就可以得到达到新稳态后的 6 个未知量的变化。

轧制过程处于稳定状态时，$\tau_{f1} = \tau_{b2}$，$h_{11} = h_{02}$。假定开卷张力 t_{b1} 与卷取张力 t_{f2} 是恒定的，有 $\delta\tau_{b1} = \delta\tau_{f2} = 0$。

经过上述处理，方程组中未知量个数由原来的 9 个（入、出口厚度与功率变化量各 2 个，前、后张力变化量各 1 个，秒流量变化量 1 个）减少为 6 个（出口厚度与功率变化量各 2 个，前张力变化量 1 个，秒流量变化量 1 个）。方程组中已知量个数由原来的 12 个（辊缝、转速、辊径、宽度与摩擦系数变化量各 2 个，原始坯料厚度、第一机架入口厚度与变形抗力变化量各 1 个）减少为 9 个。对于正向轧制，第一机架的入口厚度变化量就是坯料厚度的变化量，有 $(\Delta H/H)_1 = \Delta H_0/H_0$，$C$ 矩阵中 $\sigma_{H_1} = 0$、$\nu_{H_1} = 0$、$\lambda_{H_1} = 0$，则方程组已知量为 8 个。

把方程组写成矩阵形式，即：

$$\boldsymbol{AX} = \boldsymbol{CY} \tag{2-175}$$

式中　$\boldsymbol{A}$——未知量的系数矩阵；

$\boldsymbol{X}$——未知量的列向量；

$\boldsymbol{C}$——已知量的系数矩阵；

$\boldsymbol{Y}$——已知量的列向量。

其中，

$$
\boldsymbol{A}=\begin{bmatrix}
1 & & & & -a_{\tau\mathrm{f}} & \\
-a_{\mathrm{h}_2} & 1 & & & -a_{\tau\mathrm{b}} & \\
 & & 1 & & -c_{\tau\mathrm{f}} & \\
-c_{\mathrm{h}_2} & & & 1 & -c_{\tau\mathrm{b}} & \\
 & & & & -H_{\tau\mathrm{f}} & 1 \\
-H_{\mathrm{h}_2} & & & & -H_{\tau\mathrm{b}} & 1
\end{bmatrix}
$$

$$
\boldsymbol{X}=\begin{bmatrix}
\delta h_1 \\ \delta h_2 \\ \delta CR_1 \\ \delta CR_2 \\ \delta \tau \\ \delta Q
\end{bmatrix}
$$

$$
\boldsymbol{C}=\begin{bmatrix}
a_{\mathrm{S}_1} & & & & a_{\mathrm{h}_{01}} & a_{\mathrm{H}_{01}} & a_{\mathrm{K}_1} & a_{\mu 1} & \\
 & a_{\mathrm{S}_2} & & & & a_{\mathrm{H}_{02}} & a_{\mathrm{K}_2} & & a_{\mu 2} \\
c_{\mathrm{S}_1} & & & & c_{\mathrm{h}_{01}} & c_{\mathrm{H}_{01}} & c_{\mathrm{K}_1} & c_{\mu 1} & \\
 & c_{\mathrm{S}_2} & & & & c_{\mathrm{H}_{02}} & c_{\mathrm{K}_2} & & c_{\mu 2} \\
H_{\mathrm{S}_1} & & H_{\mathrm{V}_1} & & H_{\mathrm{h}_{01}} & H_{\mathrm{H}_{01}} & H_{\mathrm{K}_1} & H_{\mu 1} & \\
 & H_{\mathrm{S}_2} & & H_{\mathrm{V}_2} & & H_{\mathrm{H}_{02}} & H_{\mathrm{K}_2} & & H_{\mu 2}
\end{bmatrix}
$$

$$
\boldsymbol{Y}=\begin{bmatrix}
\delta S_1 \\ \delta S_2 \\ \delta V_1 \\ \delta V_2 \\ \delta h_{01} \\ \delta H_0 \\ \delta K_0 \\ \delta \mu_1 \\ \delta \mu_2
\end{bmatrix}
$$

参考文献

[1] 杨节．轧制过程数学模型（修订版）[M]．北京：冶金工业出版社，1993.

[2] Hessenberg W C F, Jenkins W N. Effects of screw and speed-setting changes on gauge speed and tension in tandem mills [J]. Proceedings of the Institution of Mechanical Engineers, 1955, 169: 1051~1062.

[3] Hessenberg W C F, Sims R B. Principles of continuous gauge control in sheet and strip rolling [J]. Proceedings of the Institution of Mechanical Engineers, 1952, 166: 75~90.

[4] Phillips R A. Analysis of tandem cold reduction mill with automatic gauge control [J]. American institute of electrical engineers, 1957, 1: 355.

[5] Courcoulas J H, Ham J M. Incremental control equations for tandem rolling mills [J]. American Institute of Electrical Engineers, 1957, 1: 363.

[6] Lianis G, Ford H. Control equations of mutistand cold rolling mills [J]. Proceedongs of the Institution of Mechanical Engineers, 1957, 171 (26): 757~776.

[7] Sekulic M R, Alexander J M. A theoretical discussion of the automatic control of muti-stand tandem cold strip mills [J]. International Journal of Mechanical Sciences. 1963, 5 (2): 149~163.

[8] Shohet K N, Alexander J M. A method of evaluating the coefficients in the perturbation equations for a cold rolling tandem mill [J]. Journal of the institute of metal, 1964-1965, 93: 112~117.

[9] 美坂佳助．コールドタンデムミルの影響係数 [J]．塑性と加工，1967, 8 (75): 188~200.

[10] 镰田正诚．板带连续轧制——追求世界一流技术的记录 [M]．李伏桃等译．北京：冶金工业出版社，2002.

[11] 张进之，郑学锋．冷连轧稳态数学模型及影响系数 [J]．钢铁，1979, 14 (3): 59~70.

[12] 黄克琴，陈和铁．美坂佳助影响系数法的改进 [J]．冶金自动化，1983, 1: 37~46.

[13] 黄克琴，杨节，陈和铁．冷连轧机张力调厚和压下调厚范围分析 [J]．冶金自动化，1987, 5: 48~51.

[14] 孙一康．带钢冷连轧计算机控制 [M]．北京：冶金工业出版社，2002.

[15] 丁修堃．轧制过程自动化 [M]. 2 版．北京：冶金工业出版社，2005.

[16] 刘相华等．轧制参数计算模型及其应用 [M]．北京：化学工业出版社，2007.

[17] 杨节．轧制过程数学模型 [M]．北京：冶金工业出版社，1982.

[18] 李庆尧，杨弘鸣．带钢冷连轧机过程控制计算机及应用软件设计 [M]．北京：冶金工业出版社，1995.

3 双机架可逆冷连轧机组动态特性分析模型

动态连续轧制理论，即动态特性分析，是求解由于外界影响因素或者轧制操作的原因使轧制状态从前一个稳定状态过渡到下一个稳定状态的过渡特性的一种方法。所谓外界影响因素是指加减速时产生的摩擦系数变化、油膜厚度变化、轧机入口处坯料厚度变化等，也可能是轧制过程中辊速、辊缝、轧件厚度发生的波动等。动态特性分析是分析外界影响因素造成轧制状态变化和各种组合控制系统（板厚控制或者机架间张力控制）所必须的手段。

3.1 连轧动态特性分析的发展

1955 年英国 W. C. Hessenberg 和 Jenkins 导出辊缝与辊速变化对板厚和张力影响的流量方程，开始了用数学模拟研究连轧的历史。1957 年 R. A. Phillips 以动态的张力微分方程和厚度延迟算法为基础，从过程控制的角度对厚度控制以及张力建立的动态过程进行了研究，得出了某一机架产生厚度扰动时，各机架厚度和张力的变化过程。这是连轧过程计算机模拟的开端。

20 世纪 60、70 年代，仿真技术广泛的应用于连轧过程的研究，以日本学者为主要代表，其中又以田沼、铃木和镰田等的研究最具代表性。铃木和镰田等采用线性化的方法对连轧过程进行动态模拟，并用实验验证了结果的正确性。田沼等则认为采用线性化方法对大的扰动会产生误差，因此采用了理论公式直接求数值解的方法。美坂等对冷连轧穿带、加减速以及甩尾过程中的板厚变化规律以及自动厚度控制的应用效果进行了模拟。上述研究虽然各有特点，但在研究中所采用的轧制理论公式和计算原则是基本相似的，仅在张力公式或计算方法上有所不同。

1963 年，Sekulic 等人对第 4 架轧机进行了模拟计算，提出了新的自动板厚控制方案，分析的问题是轧制条件改变时前滑率不变。类似这些以前发表的论文全部是用计算机进行模拟的，因单元数受到限制，因此作了各种省略和简化。另外连轧机的变量数目一多，要对所有变量的变化范围用计算机全部模拟是非常困难的。

F. Sorin 在 1986 年维也纳 IFAC /MACS 仿真系统座谈会上发表了双机架冷连轧仿真的报告，1990 年法国 SOLLAC/C IREP 研究所的工程师 P. 贝洛介绍了四机架串列冷连轧全计算机模拟，其中除活套以外，对连轧的张力、电机、压下机构和机座都进行了较详细的描述，他们的研究首次与设备特性联系起来，大大提高了连轧仿真水平。

I. R. McDonald 在 1993 年发表了冷连轧仿真程序，对轧辊位置、轧辊热凸度、电机转速、机架间张力、活套支撑器高度、板带形状都有动态闭环 PID 控制。其数学模型采用线性经验回归公式，在当时计算机水平条件下，使计算速度得到提高。

1994 年一位学者发表使用 Simulink 第四代编程语言，进行轧制模块化编程仿真，作者使用高级图形化语言完成轧制系统的模型构造，研究了轧机厚度自动控制。这是首篇在板带轧制领域采用通用图形编程平台进行仿真的介绍，文中作者将各架轧机独立表示，特别强调图形化编程效率极高的特点。但众多数据传递没能合理处理，如何更好发挥模块编程交互性特点还有待开发。

1996 年 Jepson O. N. 发表冷连轧的模型仿真论文中，介绍了将电机、连接轴、传动轴、牌坊、带钢等全部看作弹性体模型，然后用类似梯形图编程，从而对轧机振颤展开研究。

1997 年 Frank Feldmann 在《MPT》上发表扁平件轧制仿真论文，专门讨论数学模型在仿真与控制中的作用，针对电机与轧辊质量系统建立弹性模型。另外研究了轧辊弯辊与热凸度。该文多处用形象框图表示连轧过程以及板形控制，但示意图还没有嵌入计算功能。

国内最早研究连轧仿真的是张永光，他以张力微分方程及张力与前滑的线性关系为基础导出张力状态模型。同时把张力系统与厚度系统分离，使得厚度的计算变为单变量的非线性隐式方程，再用差分方程做递推计算，分析了来料厚度、辊缝、变形抗力以及轧辊速度的阶跃变化对各机架出口厚度和机架间张力的影响。钟春生对利用张力模型对冷连轧加减速过程中动态设定的计算方法进行了研究，并对加减速过程中的张力补偿曲线、速度设定曲线以及辊缝补偿规律进行了模拟。

在接下来的一段时间内，冷轧过程动态变规格成为了连轧过程仿真的热点。张进之等人提出了分割各架，逐架线性地改变张力和厚度的动态变规格设定控制模型，并通过电子计算机进行了模拟。张树堂等人提出以速度平衡方程作为动态变规格控制方程，用直接法求解动态变规格时各机架辊缝和速度设定值的方法，并在数学计算机上进行了变规格轧制的动态数学模拟计算。杨节等采用直接法，按“逆流”调节的方案，提出了动态变规格时各机架辊缝、速度过渡设定值的计算方法，并用直接法编制的冷连轧机仿真程序对此调节过程进行了仿真计算。郭惠久先后对冷连轧过程中采用线性化设定模型和非线性化设定模型进行动态变规格过程的辊缝和辊速设定进行了计算机模拟。方康玲等在考虑工艺摩擦系数与支撑辊轴承油膜厚度随轧制工艺条件变化的基本条件下，对冷连轧动态变规格过程进行了计算机仿真。

张树堂等指出在动态轧制过程中，机架间带钢的断面是不均匀的，并建立了变断面张力微分方程，提出了对带钢断面阶跃点进行跟踪计算的动态数字模拟数学模型，模拟计算表明采用变断面张力微分方程能正确反映上述的动态过程。

刘新生采用直接法，在只考虑摩擦系数变化对工艺参数变化影响的条件下，对冷连轧机加速动态过程进行了计算机数字模拟，得出了各工艺参数在动态轧制过程中的变化规律。

王国栋等用直接法对冷连轧加减速过程进行了数字模拟计算，研究了加减速过程中板形的变化，并给出了加减速过程中弯辊力的补偿模型。

张进之在考虑到张力建立、延时和厚度变化、传动系统动静态速降和辊缝调整的情况下，由连轧张力公式解决了穿带过程速度动态设定计算的问题。

徐光等对冷连轧加减速过程中带厚的变化规律进行了计算机仿真研究，分析了各种工艺、设备参数对带厚变化的影响，推导出了三机架冷连轧机加速过程中的辊缝补偿公式，分析了设备、工艺参数对动态补偿控制的影响，并对三机架冷连轧机的穿带建张过程进行了计算模拟，分析了主传动系统动静态速降对穿带建张的影响。

20 世纪 90 年代后，轧制过程仿真技术进入了新的发展阶段。美、日、德等国的大型电子设备制造公司的研究开发部门，在研究、设计、制造新型热连轧机与冷连轧机系统时，也先后利用了计算机仿真技术，并相继建立了热连轧机与冷连轧机的半实物专用仿真系统。我国在轧钢过程仿真系统的开发上也取得了大量的成果。燕山大学的杜凤山与上海宝钢合作，建立了三辊张力减径机连轧过程的计算机模拟系统，并开发了一套有限元模拟软件；东北大学自动化研究中心的潘学军等提出了一种多机架四辊冷连轧机的工作点线性化状态空间模型，并开发出冷连轧仿真软件包；太原重型机械学院的高慧敏等开发出了考虑动态影响的热连轧仿真软件，将穿带、正常轧制和抛钢划分为三个阶段，可以对压力 AGC 和前馈 AGC 进行仿真；宝钢购进了 MATRIX 工业过程仿真软件，开发出多级运行的五机架冷连轧仿真系统；燕山大学的高英杰等在轧机液压 AGC 系统的动态仿真模型方面进行了深入的研究，建立了比较完善的动态仿真模型。

3.2 主要数学模型

与静态连轧理论不同，动态轧制理论分析时，整个轧机中秒流量一定的关系在过渡状态并不成立，而其他的条件与静态分析几乎相同。

3.2.1 轧件速度方程

$$v_{hi} = (1 + s_{hi}) v_i \tag{3-1}$$

$$v_{Hi} = (1 - s_{Hi}) v_i \cos\beta_i \tag{3-2}$$

式中 v_i——第 i 机架轧辊线速度，m/s；

v_{hi}——第 i 机架带钢出口速度，m/s；

v_{Hi}——第 i 机架轧件入口速度，m/s；

s_{hi}——第 i 机架轧件前滑率，%；

s_{Hi}——第 i 机架轧件后滑率，%；

β_i——第 i 机架轧件咬入角，rad。

$$\beta_i = \sqrt{(H_i - h_i)/R_i} \tag{3-3}$$

前滑值 s_{hi} 由式（2-29）得出，轧制过程中，机架出入口流量一定。

$$F_{Hi} v_{Hi} = F_{hi} v_{hi} \tag{3-4}$$

式中 F_{Hi}，F_{hi}——为第 i 机架出、入口横断面面积。

由于冷轧带材过程中，宽展可以忽略，故后滑值 s_{Hi} 由下式得出：

$$s_{H_i} = 1 - \frac{h_i}{H_i \cos\beta_i}(1 + s_{h_i}) \tag{3-5}$$

3.2.2 机架间张力方程

根据轧制理论，当第 i 机架带钢出口速度为 v_{hi}、第 i+1 机架带钢入口速度为 $v_{H_{i+1}}$、机架间距离为 L_i 时，前张力 t_{fi} 对时间 τ 的导数为：

$$\frac{dt_{fi}}{d\tau} = \frac{E}{L_i}(v_{H_{i+1}} - v_{h_i}) \tag{3-6}$$

对张力微分方程式（3-6）积分，当时间增量为 $d\tau = \tau_2 - \tau_1$ 时，第 i 机架前张力的增量为 $\delta t_{fi} = t_{fi(\tau_2)} - t_{fi(\tau_1)}$，即：

$$\delta t_{fi} = \frac{E}{L_i}\int_{\tau_1}^{\tau_2}(v_{H_{i+1}} - v_{hi})\delta\tau \tag{3-7}$$

3.2.3 弹跳方程

$$h_i = S_i + P_i/K_{mi} \tag{3-8}$$

轧制力方程由下式表示：

$$P_i = P(H_0, H_i, h_i, t_{fi}, t_{bi}, k_i, f_i, R_i) \tag{3-9}$$

公式中符号的物理意义与静态特性分析中所引用的公式相同。

3.2.4 油膜厚度方程

在现代化的连轧机上，支撑辊通常采用油膜轴承。油膜轴承的油膜厚度 O_f 与轧辊线速度 v 成正比，与轧制力 P 成反比。它们之间的定量关系可以用 Reynolds 公式描述：

$$O_{\mathrm{f}}=\frac{0.9C\xi_{\mathrm{o}}Av}{(\xi_{\mathrm{o}}A+BP)v+0.023P} \tag{3-10}$$

其中
$$A=\frac{L_{\mathrm{br}}D_{\mathrm{br}}}{3000\pi D_{\mathrm{b}}},\quad B=\frac{11.5}{60\pi D_{\mathrm{b}}}$$

式中 C——轴承直径间隙，mm；

ξ_{o}——轴承油在 38℃时的黏度，Pa · s；

L_{br}——轴承宽度，mm；

D_{br}——轴承直径，mm；

D_{b}——支撑辊直径，mm。

油膜厚度增大将使实际辊缝减小，因此考虑油膜厚度的弹跳方程为：

$$h=S+P/K_{\mathrm{m}}-O_{\mathrm{f}} \tag{3-11}$$

3.3 主要计算方法

3.3.1 机架间的厚度延时计算方法

在问题分析时，有 $h_i=H_{i+1}$，但是在仿真计算时，第 i 机架的出口厚度 h_i 只有运行到第 i+1 机架的入口时，才成为第 i+1 机架的入口厚度 H_{i+1}，机架间运行的时间为 τ_{L} 为

$$\tau_{\mathrm{L}}=L_i/v_{\mathrm{h}i} \tag{3-12}$$

若当前时刻为 τ，则该时刻第 i+1 机架的入口厚度原则上可以表示为：

$$H_{i+1}^{\tau}=h_i^{(\tau-\tau_{\mathrm{L}})} \tag{3-13}$$

但此式并无实用价值，特别是考虑到带钢出口速度 $v_{\mathrm{h}i}$ 为时间的函数，相邻机架间带钢运动的时间是不断变动的，这就使确定机架入口厚度的计算方法更为复杂化了，因此该采用延时表的方法。

在带钢上某点离开第 i 机架的时刻 $\tau^{(n)}$ 有固定的出口厚度 $h_i^{(n)}$ 和出口速度 $v_{\mathrm{h}i}^{(n)}$。带钢以这个速度运行 dτ 时间后，运行距离为 $L_{\mathrm{T}i}^{(n)}=v_{\mathrm{h}i}^{(n)}\mathrm{d}\tau$，此时的时刻为 $\tau^{(n+1)}=\tau^{(n)}+\mathrm{d}\tau$，由于张力及其他因素的波动，出口厚度与速度变成 $h_i^{(n+1)}$ 和 $v_{\mathrm{h}i}^{(n+1)}$。这样，经过时间 dτ 后，该点离开第 i 机架的距离为 $L_{\mathrm{T}i}^{(n+1)}=L_{\mathrm{T}i}^{(n)}+v_{\mathrm{h}i}^{(n+1)}\mathrm{d}\tau$，随着时间的推移，带钢上该点离开第 i 机架的距离越来越远，在第 m 时刻为

$$L_{\mathrm{T}i}^{(m)}=\sum_{j=n}^{m}v_{\mathrm{h}i}^{(j)}\mathrm{d}\tau \tag{3-14}$$

当 $L_{\mathrm{T}i}^{(m)}$ 达到或者超过了机架间距 L_i 时，即可判定带钢上该点进入了第 i+1 机架。这是记录带钢上某点所处的位置及判定其是否进入下一机架的方法。

反过来使用这种方法，机架间的厚度就可以延时，把每个时刻第 i 机架的 h_i 与 $v_{\mathrm{h}i}$ 都记入第 i 机架的延时表 3-1，在 $h_i^{(n)}$ 和 $v_{\mathrm{h}i}^{(n)}$ 的栏中 j 为时刻序号。为了求得

第 m 时刻第 $i+1$ 机架的入口厚度 H_{i+1}，则只需寻找这个点离开第 i 机架的时刻就可以从延时表中读出当时 h_i，也就是当前时刻的 H_{i+1} 了。

表 3-1　带钢出口厚度和速度延时表

时刻序号 j	带钢出口厚度 $h_i^{(j)}$	带钢出口速度 $v_{hi}^{(j)}$
1	$h_i^{(1)}$	$v_{hi}^{(1)}$
2	$h_i^{(2)}$	$v_{hi}^{(2)}$
3	$h_i^{(3)}$	$v_{hi}^{(3)}$
⋮	⋮	⋮
$m-1$	$h_i^{(m-1)}$	$v_{hi}^{(m-1)}$
m	$h_i^{(m)}$	$v_{hi}^{(m)}$
⋮	⋮	⋮
nn	$h_i^{(nn)}$	$v_{hi}^{(nn)}$

假定此时带钢入口厚度 H_{i+1} 对应于带钢上的某点，则此点在 $\mathrm{d}\tau$ 时间以前与第 $i+1$ 机架的距离为 $L_T = v_{hi}^{(m)}\mathrm{d}\tau$（$v_{hi}^{(m)}$ 为在延时表中查得的 m 时刻第 i 机架带钢出口速度）。再倒退一个时刻，即 $m-1$ 时刻，该点与第 $i+1$ 机架的距离增大为 $L_T = v_{hi}^{(m)}\mathrm{d}\tau + v_{hi}^{(m-1)}\mathrm{d}\tau$。这样不断的倒退回去，假定在第 k 时刻有：

$$L_{Ti}^{(m)} = \sum_{j=n}^{m} v_{hi}^{(j)}\mathrm{d}\tau \geqslant L_i \tag{3-15}$$

则 k 时刻的带钢出口厚度 $h_i^{(K)}$ 即为现时刻（m 时刻）第 $i+1$ 机架的带钢入口厚度 $H_i^{(m)}$。这种计算方法的框图如图 3-1 所示。对于 n 机架连轧机组，延时表应该有 $n-1$ 个（最后一个机架的参数不须记忆），第 i 机架的入口厚度 H_i 应在第 $i-1$ 机架的延时表中按图 3-1 查寻，第一机架的入口厚度 H_1 可以按常数处理。

3.3.2　机架间张力的计算方法

根据轧制理论，当第 i 机架带钢出口速度为 v_{hi}，第 $i+1$ 机架带钢入口速度为 $v_{H_{i+1}}$，机架间距离为 L_i 时，前张力 t_{fi} 对时间 τ 的导数为：

$$\frac{\mathrm{d}t_{fi}}{\mathrm{d}\tau} = \frac{E}{L_i}(v_{H_{i+1}} - v_{hi}) \tag{3-16}$$

对张力微分方程式（3-16）积分，当时间增量为 $\mathrm{d}\tau = \tau_2 - \tau_1$ 时，第 i 机架前张力的增量为 $\mathrm{d}t_{fi} = t_{fi(\tau_2)} - t_{fi(\tau_1)}$，即：

$$\mathrm{d}t_{fi} = \frac{E}{L_i}\int_{\tau_1}^{\tau_2}(v_{H_{i+1}} - v_{hi})\mathrm{d}\tau \tag{3-17}$$

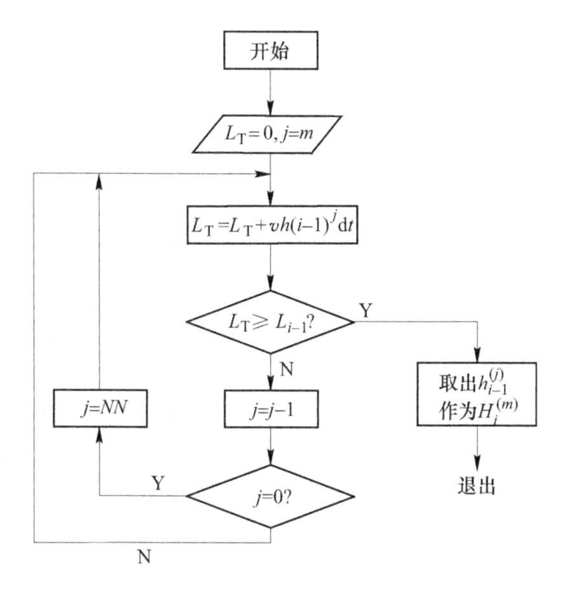

图 3-1 按延时表确定来料厚度

但由于带钢速度是时间、张力等因素的函数，故式（3-17）很难得到解析解，因此通常对式（3-16）采用数值解法。

在已知前张力初始值 $t_{fi}^{(0)}$ 的情况下，可按照递推的形式迭代求出张力值，即

$$t_{fi}^{(n+1)} = t_{fi}^{(n)} + \frac{E}{L_i}(v_{H_{i+1}}^{(n)} - v_{hi}^{(n)})d\tau \tag{3-18}$$

由于已知各机架前张力初始值 $t_{fi}^{(0)}$，且第 i 和 $i+1$ 机架的前后滑值 S_{hi}和 S_{hi+1}，从而可以得到 v_{hi}与 v_{Hi+1}，故而求出张力值，为了使张力计算值不至于产生较大的误差，时间步长 $d\tau$ 应该控制在很小的范围内。

若采用更好的计算方法，如四阶 Runge-Kutta 法解张力微分方程，则可以在 $\delta\tau$ 相同的条件下得到更高的精度。由张力微分方程，建立四阶标准 Runge-Kutta 公式如下：

$$t_{fi}^{(n+1)} = t_{fi}^{(n)} + (K_1 + 2K_2 + 2K_3 + K_4)\delta\tau/6 \tag{3-19}$$

其中

$$K_1 = f(\tau^{(n)}, t_{fi}^{(n)}) = (v_{H\,i+1} - v_{hi})E/L_i, K_2 = f\left(\tau^{(n)} + \frac{1}{2}\delta\tau, t_{fi}^{(n)} + \frac{1}{2}\delta\tau K_1\right)$$

$$K_3 = f\left(\tau^{(n)} + \frac{1}{2}\delta\tau, t_{fi}^{(n)} + \frac{1}{2}\delta\tau K_2\right), K_4 = f(\tau^{(n)} + \delta\tau, t_{fi}^{(n)} + \delta\tau K_3)$$

3.3.3　弹、塑性方程的联立求解

在静态特性分析过程中，要求根据第 i 机架给定的来料厚度 H_i 与出口厚度 h_i 确定辊缝值 S_i。在已知机架刚度的情况下，可以用联立求解弹跳方程与压力方程的方法同时求得轧制力 P_i 和辊缝值 S_i（两个方程，两个未知数）。

在动态特性分析过程中，已知的是来料厚度 H_i（由延时表查得）与辊缝设定值 S_i，而出口厚度 h_i 与轧制压力 P_i 是未知的，这样同样可以用联立求解弹跳方程和轧制压力方程的方法求解。但因为轧制压力方程是非线性方程，所以在计算方法上比设定计算要复杂得多。

如图 3-2 所示，首先给定两个初始厚度 $h_i^{(1)}$ 和 $h_i^{(2)}$，对应的轧制压力为 $P_i^{(1)}$

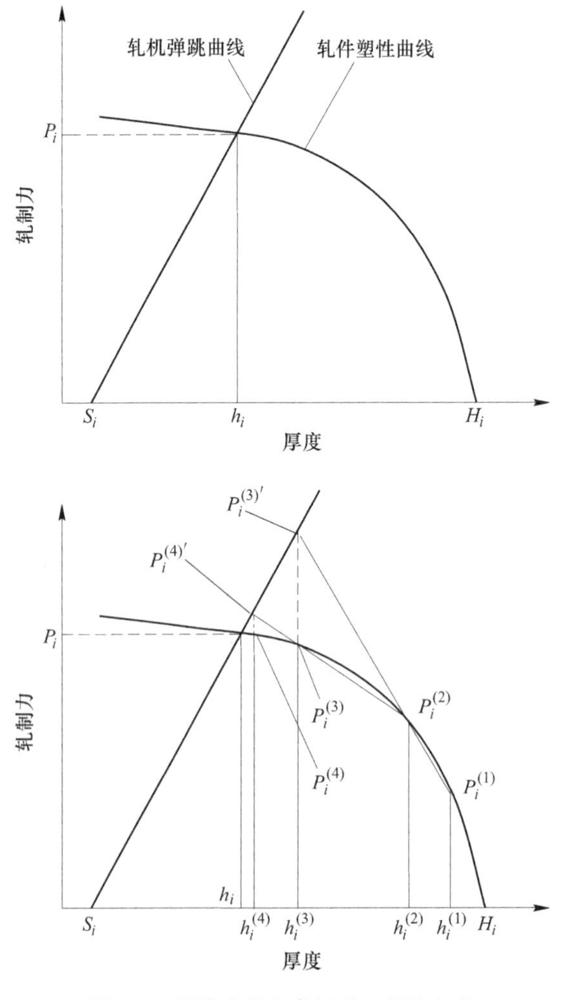

图 3-2　割线法联立求解弹、塑性方程

和 $P_i^{(2)}$，连接点（$h_i^{(1)}$，$P_i^{(1)}$）和（$h_i^{(2)}$，$P_i^{(2)}$），得到一条割线，并与轧机弹跳曲线相交于点（$h_i^{(3)}$，$P_i^{(3)'}$）。将 $h_i^{(3)}$ 代入压力方程得到 $P_i^{(3)}$，即点（$h_i^{(3)}$，$P_i^{(3)}$）为第一步的解。

以点（$h_i^{(3)}$，$P_i^{(3)}$）代替点（$h_i^{(1)}$，$P_i^{(1)}$），重复上述步骤，又可以得到一组新解，如此不断迭代计算，直到相邻两次计算得到的 $|h_i^{(n+1)}-h_i^{(n)}|<\zeta$，$\zeta$ 为给定的收敛精度，如此逼近真实解，直到运算结束。

割线方程的斜率为 $K_i^{(n)} = (P_i^{(n)} - P_i^{(n-1)})/(h_i^{(n)} - h_i^{(n-1)})$，则割线方程为：

$$P_i^{(n+1)} = P_i^{(n)} + K_i^{(n)}(h_i^{(n+1)} - h_i^{(n)}) \tag{3-20}$$

又弹跳方程为：

$$P_i^{(n+1)} = K_{mi}(h_i^{(n+1)} - S_i) \tag{3-21}$$

将式（3-21）代入式（3-20），即可得到割线法联立求解弹、塑性方程的公式：

$$h_i^{(n+1)} = \frac{K_{mi}S_i + P_i^n - K_i^n h_i^n}{K_{mi} - K_i^n} \tag{3-22}$$

式中　K——轧件的塑性系数，N/mm。

3.3.4　直接法过程仿真的原理

轧制过程动态特性分析的特点是直接对各种数学模型采用其原型式（多为非线性方程），而不是像轧制过程静态特性分析那样将各种数学模型线性化之后才用于计算（即线性法或者增量法）。线性化法只能适用于轧制过程参数发生微小变化的情况，而非线性计算法则不受此限制，因此该算法往往优于线性化法。

在前述各种数学模型与计算方法中，弹、塑性方程联立求解的计算方法在本质上是稳态的。压力、前后滑、转矩、摩擦系数等方程也是稳态的，但在动态过程的情况下，由于有厚度延时方程和张力微分方程的联接，各个机架的稳态方程和算法是相互关联的。因此，轧制过程仿真计算要求联立求解包括各个机架的许多代数方程（稳态）和机架之间的张力微分方程和厚度延时方程（动态）在内的一个庞大的方程组。

在 τ_1 时刻联解此方程组可以得到这个时刻的各个机架参数。把这些参数作为已知解（常量），在 $\delta\tau$ 时间之后的 τ_2 时刻又可以联解此方程组，得到新时刻的各个参数，这样就可以得到各参数随时间的变化规律，即轧制动态过程的仿真结果。但联解此方程组是非常困难的，因此这里采用一种特殊方法，此方法可分为两步进行。

第一步，在 τ_1 时刻各机架有特定的 $S_i^{(1)}$、$H_i^{(1)}$、$t_{fi}^{(1)}$、$t_{bi}^{(1)}$ 和轧辊线速度 $v_i^{(1)}$，从而可以计算出此刻的 $P_i^{(1)}$、$v_{hi}^{(1)}$、$v_{Hi}^{(1)}$、前滑 $s_{hi}^{(1)}$、后滑 $s_{Hi}^{(1)}$ 和摩擦系数 $f_i^{(1)}$。

第二步，若假定在微小的时间 $\delta\tau$ 内，上述各参数是固定不变的，则由张力微分方程的数值算法，可以得到在时刻 $\tau_2=\tau_1+d\tau$ 时各机架间的张力增量 $\delta t_{fi}^{(1)}$，从而得到各机架间的张力 $t_{fi}^{(2)}=t_{bi+1}^{(2)}=t_{fi}^{(1)}+\delta t_{fi}^{(1)}$。

达到 τ_2 时刻后，又开始新的第一步计算。此时，由于厚度延时效应，各机架的入口厚度由 $H_i^{(1)}$ 改变为 $H_i^{(2)}$，张力也有了相应的改变。前述各机架的参数均重新计算，得到在 τ_2 时刻的各参数 $S_i^{(2)}$、$v_i^{(2)}$、$P_i^{(2)}$、$s_{hi}^{(2)}$、$s_{Hi}^{(2)}$、$f_i^{(2)}$、$v_{hi}^{(2)}$ 和 $v_{Hi}^{(2)}$。在此基础上又可以进行新的第二步计算。这样不断继续下去，就可以得到各机架的参数随时间的变化规律，这就是连续轧制过程动态特性分析的实现方法。

在上述方法中，除张力微分方程、厚度延时算法和控制系统的动态特性（用于计算 $v_i^{(2)}$ 与 $S_i^{(2)}$）以外，虽然其他各种模型都是稳定的，但是由于在每一个微小时间增量 $\delta\tau$ 以后都根据改变了的张力、来料厚度、辊缝和速度等参数重新进行了计算，所以就收到了稳态模型动态使用的效果，从而使仿真过程得以实现。过程仿真的原理如图 3-3，图 3-4 为连续轧制过程仿真的计算框图。

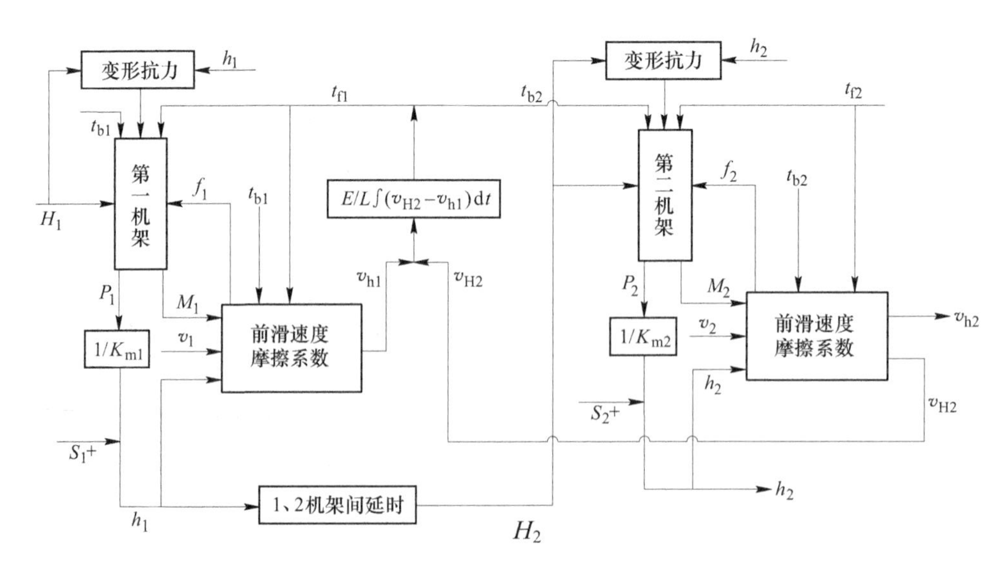

图 3-3　直接法动态特性分析原理图

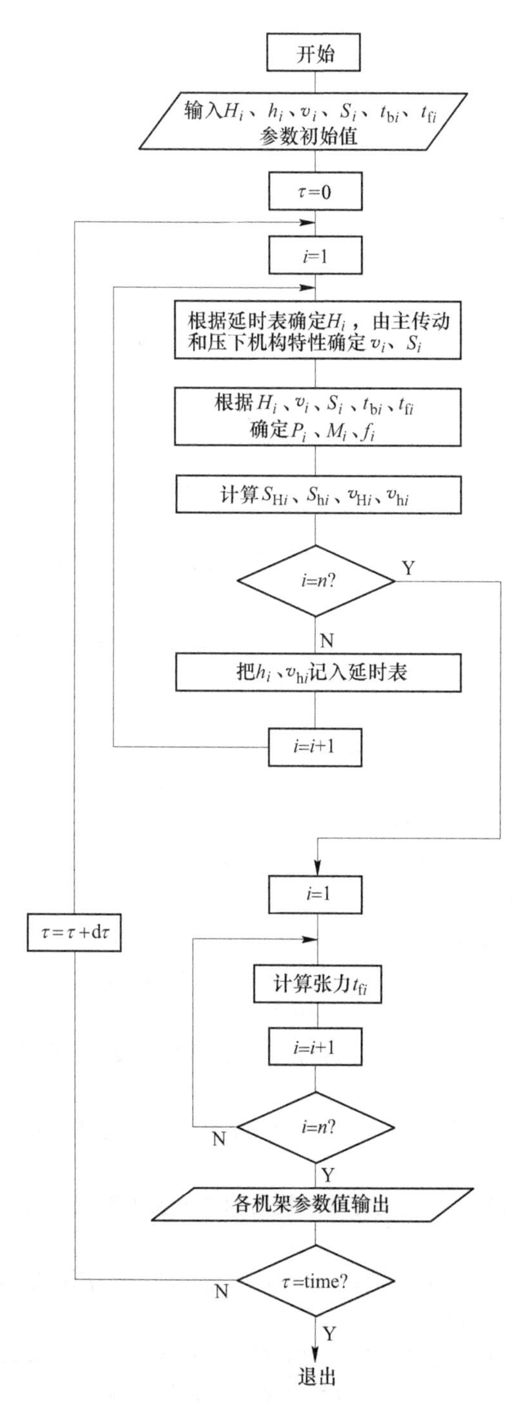

图 3-4 连续轧制过程动态仿真计算框图

参考文献

[1] Phillips R A. Analysis of tandem cold reduction mill with automatic gauge control [J]. American Institute of Electrical Engineers, 1957, 1: 355.
[2] 阿高松男，铃木弘.タンテム压延の総合特性 [R]. 东京大学生产研究所报告，1976.
[3] 田沼正也，大成幹彦．直接計算による動特性解析法 [J]. 塑性と加工，1972，13 (133)：122~129.
[4] 田沼正也，大成幹彦．加減速時の動特性 [J]. 塑性と加工，1972，13 (136)：313~322.
[5] 田沼正也．張力・板厚変化に及ぼすロール速度制御系の影響 [J]. 塑性と加工，1973，14 (148)：358~366.
[6] 田沼正也．全压延過程の総合シミュレーション [J]. 塑性と加工，1973，14 (149)：429~438.
[7] 美坂佳助，大橋保威，渡边和彦，等．通板時・加減速時の板厚制御 [J]. 塑性と加工，1974，15 (159)：309~314.
[8] 张永光，梁国平，张进之，等．计算机模拟冷连轧过程的新方法 [J]. 自动化学报，1979，5 (3)：177~186.
[9] 钟春生．利用张力模型进行加减速动态设定的思想与计算方法 [J]. 西安冶金建筑学院学报，1979，4：92~98.
[10] 钟春生，夏钟鸣．关于五机架冷连轧机加减速过程辊缝补偿规律的探讨 [J]. 西安冶金建筑学院学报，1980，3：90~100.
[11] 钟春生．关于冷连轧机加减速过程张力补偿曲线及速度设定曲线的分析 [J]. 西安冶金建筑学院学报，1980，1：95~105.
[12] 张进之，郑学锋，梁国平．冷连轧动态变规格设定控制模型的探讨 [J]. 钢铁，1979，14 (6)：56~64.
[13] 张树堂，刘玉荣．带钢冷连轧动态变规格数学模型 [J]. 钢铁，1980，15 (6)：34~40.
[14] 杨节，郭惠久，贺毓辛．带钢冷连轧规格动态变换过渡设定值的计算及过程仿真 [J]. 武汉科技大学学报（自然科学版），1981，1：19~28.
[15] 郭惠久，杨节，贺毓辛．冷连轧动态规格变换线性化设定模型的探讨 [J]. 鞍钢技术，1982，5：242~251.
[16] 郭惠久，杨节，贺毓辛．冷连轧动态变规格变换非线性化设定模型 [J]. 鞍钢技术，1982，6：295~305.
[17] 方康玲，杨节，郭惠久．带钢冷连轧规格动态变换模型及过程仿真 [J]. 鞍钢技术，1983，1：30~41.
[18] 张树堂，刘玉荣．变断面张力微分方程与冷连轧动态数字模拟数学模型 [J]. 金属学报，1981，17 (4)：206~212.
[19] 刘新生．计算机模拟冷连轧动态过程的方法 [J]. 武钢技术，1982，4：36~44.
[20] 王国栋，张树堂．冷连轧加减速过程的数字模拟以及弯辊力补偿模型的探讨 [J]. 鞍钢技术，1983，1：41~48.

[21] 张进之．冷连轧穿带过程速度设定及仿真实验［J］．钢铁研究总院学报，1984，4（3）：265~270.

[22] 徐光，杨节．冷连轧加减速过程带厚变化规律的探讨［J］．钢铁研究，1988，48（3）：35~39.

[23] 徐光．350mm冷连轧机组加速过程辊缝补偿的计算机仿真［J］．武汉钢铁学院学报，1989，12（2）：32~39.

[24] 徐光．350mm三机架冷连轧机穿带建张过程分析［J］．钢铁研究，1999，107（2）：39~42.

[25] 杜凤山，黄庆学．管材减径过程的计算机预测［J］．钢铁，1995，7：28~31.

[26] 潘学军．冷连轧过程仿真软件包的研制［J］．系统仿真学报，1998，10（4）：20~24.

[27] 潘学军．冷连轧过程线性化动态模型的研究［J］．系统仿真学报，1998，10（6）：35~39.

[28] 高慧敏，徐玉斌．热连轧生产过程计算机仿真系统［J］．系统仿真学报，2001，13（2）：238~240.

[29] 高慧敏．热连轧生产过程精轧机组的建模与仿真［J］．系统仿真学报，2000，12（1）：51~54.

[30] 徐忠，张大志，周坚刚，等．冷连轧机L1级过程控制子系统的仿真［J］．冶金自动化，2003，6：24~29.

[31] 周坚刚，徐忠，王笑波，等．宝钢2030冷连轧系统仿真［J］．冶金自动化，2003，5：5~8.

[32] 高英杰．轧机液压AGC系统动态模型的研究［J］．燕山大学学报，1998，22（3）：259~262.

[33] 陈建民．引进新型冷轧机组的工艺装备特点［J］．冶金设备，2006，159（5）：60~63.

[34] 镰田正诚．板带连续轧制——追求世界一流技术的纪录［M］．李伏桃等译．北京：冶金工业出版社，2002.

4 双机架可逆冷连轧机组静态特性分析

4.1 静态特性分析用规程实例

利用上述理论，对某厂双机架可逆冷连轧机组四道次轧制的情况进行了影响系数的计算。其中两个机架的工作辊参数和轧机的纵向刚度见表4-1，轧制规程见表4-2，文中均以轧制时的入口机架为第1机架，出口机架为第2机架。

表4-1 某钢厂双机架可逆冷连轧机设备参数

机架号	工作辊半径 R/mm	轧机刚度 K_m/kN·mm^{-1}	机架间距 JL/mm	电机柔度 Z^*/kN·mm^{-1}
1	450	5280	4500	0
2	450	5280	4500	0

表4-2 典型产品轧制规程

符号	参数名称	轧制方向	1	2	轧制方向	1	2
H	入口厚度/mm	正向轧制	3.00	3.12	逆向轧制	1.417	0.999
H	出口厚度/mm		3.12	1.417		0.999	0.77
t_f	前张力/MPa		126	84		126	84
t_b	后张力/MPa		29	126		50	126
v	目标轧制速度/m·min^{-1}			574			1025
v_{min}	穿带速度/m·min^{-1}			60			60
v_{max}	最高轧制速度/m·min^{-1}			1350			1350
P_0	预轧制力/kN		800	800		800	800

4.2 不进行机架间张力控制时的轧制特性

4.2.1 各因素对各机架出口厚度的影响

4.2.1.1 辊缝的影响

由图4-1可以看出，第1机架辊缝变化对1号、2号机架出口厚度的影响比第2机架辊缝变化的影响大，且逆向轧制时更明显。逆向轧制时，第2机架辊缝变化对出口厚度的影响较小。因此，入口机架辊缝是有效的厚度调节手段。

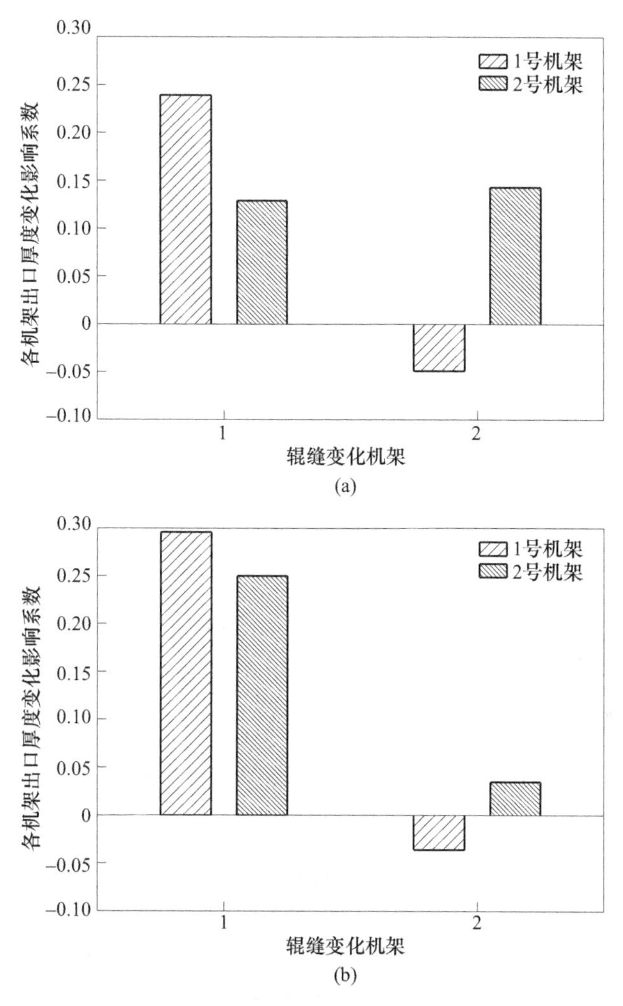

图 4-1 辊缝对各机架出口厚度的影响

（a）正向轧制；（b）逆向轧制

4.2.1.2 辊速的影响

由图 4-2 可以看出，1 号、2 号机架轧辊转速变化对出口厚度的影响大小相等，但第 1 机架影响为正，第 2 机架影响为负。轧辊转速对第 2 机架出口厚度的影响比对第 1 机架出口厚度的影响大，且在逆向轧制时更明显。

4.2.1.3 摩擦系数的影响

由图 4-3 可以看出，第 1 机架摩擦系数变化对 1 号、2 号机架出口厚度的影响比第 2 机架摩擦系数的影响大，且逆向轧制时比正向轧制时影响大；逆向轧制时第 2 机架摩擦系数变化对最终出口厚度几乎没有影响。

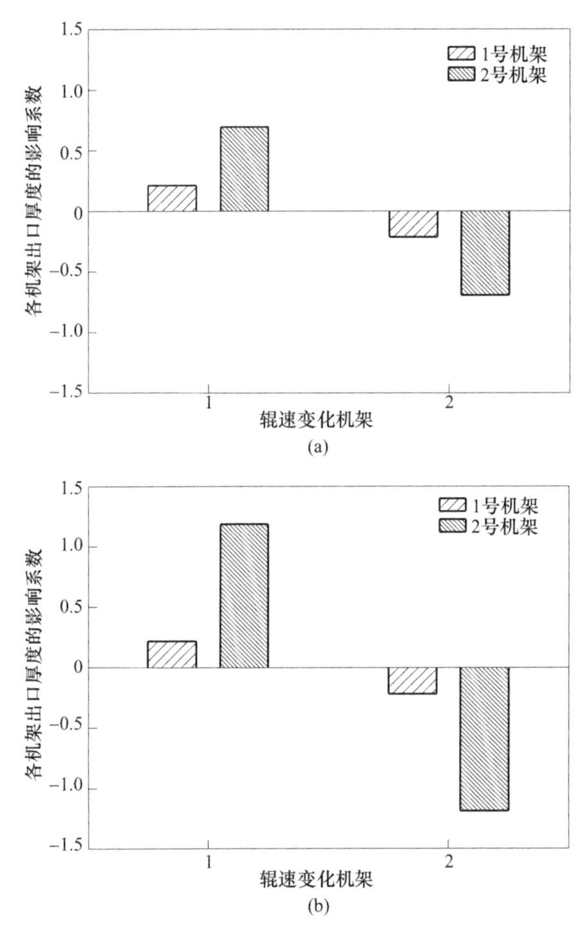

图 4-2　辊速对各机架出口厚度的影响

（a）正向轧制；（b）逆向轧制

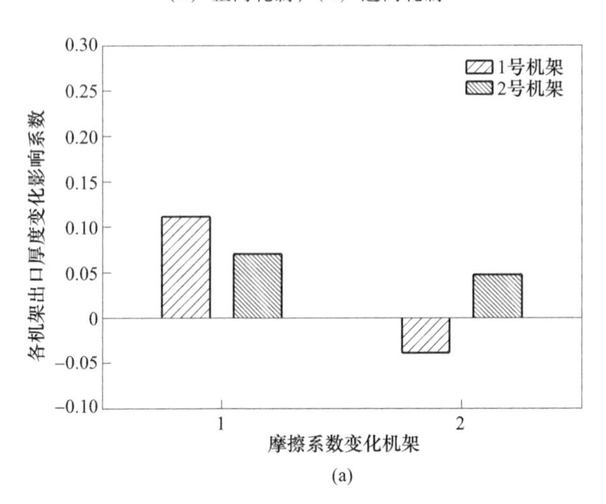

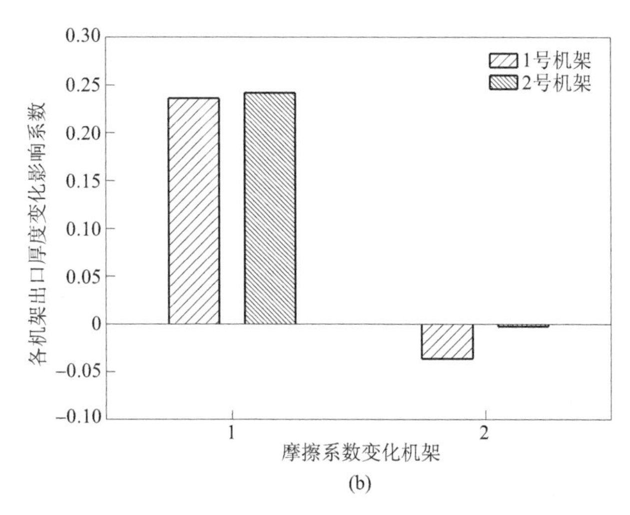

图 4-3 摩擦系数对各机架出口厚度的影响
（a）正向轧制；（b）逆向轧制

4.2.1.4 来料厚度的影响

由图 4-4 可以看出，正向轧制时，来料厚度对 1 号机架出口厚度的影响大于对 2 号机架的影响；而逆向轧制时，来料厚度对 2 号机架出口厚度的影响略大。热轧来料厚度变化对 1 号、2 号机架出口厚度影响大致相同，且在正向轧制时比在逆向轧制时影响要大，也就是说双机架可逆冷连轧机组本身也具有减小原料绝对厚差的能力。

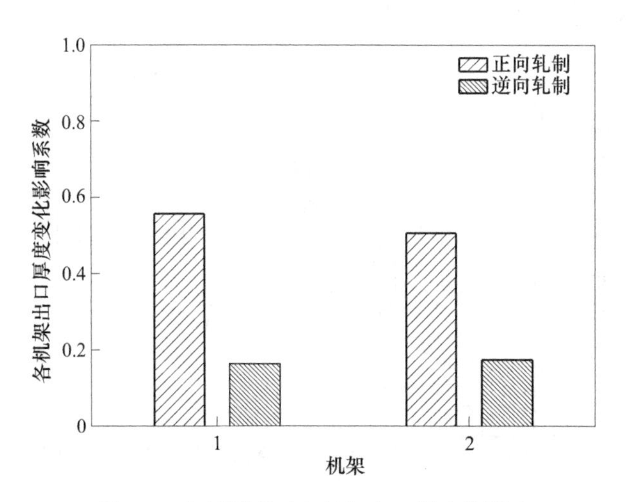

图 4-4 来料厚度对各机架出口厚度的影响

4.2.1.5　变形抗力的影响

由图 4-5 可以看出，来料变形抗力变化对 1 号、2 号机架出口厚度的影响大致相同，且在逆向轧制时比正向轧制时的影响大，这也充分反映了变形抗力影响的重发性。

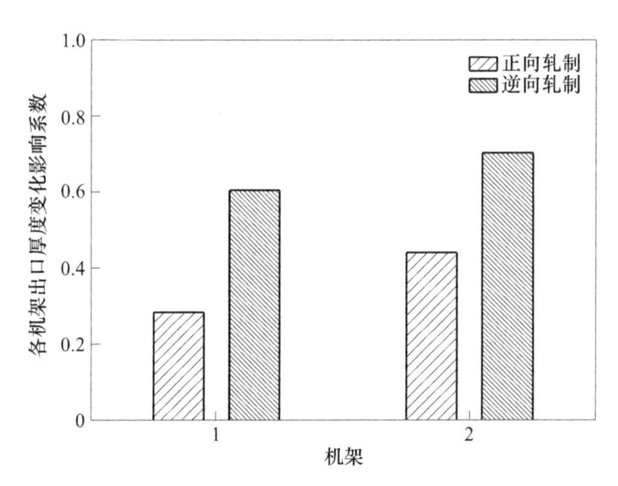

图 4-5　变形抗力对各机架出口厚度的影响

4.2.2　各因素对机架间张力的影响

由图 4-6 可以看出，对机架间张力影响较为显著的因素依次为轧辊速度、变形抗力、第 2 机架辊缝、第 2 机架摩擦系数、来料厚度、第 1 机架摩擦系数和第 1 机架辊缝。并且各因素对张力的影响在逆向轧制时更显著。

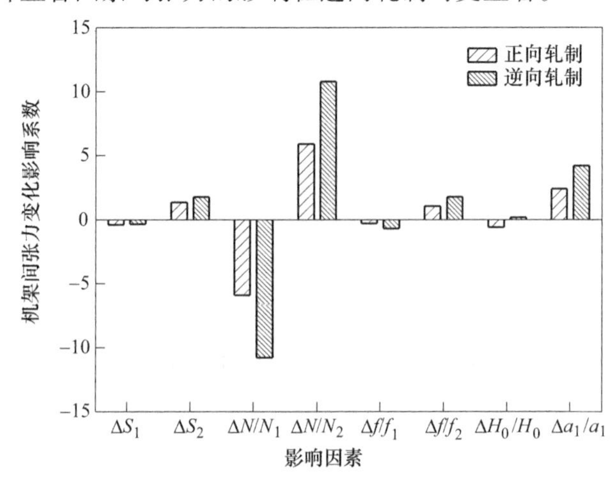

图 4-6　各因素对机架间张力的影响

各轧制因素是通过机架间张力产生相互影响的。通过上面分析可以看出，对机架间张力影响显著的因素对各机架出口厚度的影响也较为显著。作为主要控制手段的辊缝和辊速对厚度和张力都有非常有效的调控作用。入口机架的摩擦系数，尤其是在逆向轧制时，对出口厚度的影响是很可观的，因此轧制过程中必须保证轧机具有良好的润滑状态。双机架可逆冷连轧机组同冷连轧机组一样具有减小原料绝对厚差的能力，而变形抗力波动的影响则同样具有重发性。

4.3 对机架间张力进行控制时的轧制特性

上述轧制特性是对机架间张力不进行控制时的轧制特性。有研究指出对冷连轧机组，轧制过程中通过调整轧辊速度或辊缝使机架间张力控制在一定值时，各因素的变化对产品板厚的影响与不进行张力控制时的轧制特性有所不同，即板厚控制的策略会存在差异。因此，在设计板厚控制系统时，必须采用连续轧制理论进行轧制特性分析，充分把握轧制特性，一旦张力控制方式发生变化，则有必要改变板厚控制策略。下面利用静态特性分析计算采用不同张力控制方式时各因素对出口厚度的影响。

4.3.1 利用入口机架进行张力控制

4.3.1.1 辊缝进行张力控制

由图 4-7 可以看出，在利用入口机架辊缝进行张力控制时，各因素对出口厚度都有较大的影响，特别是逆向轧制时，辊速波动对出口厚度的影响是难以消除的。因此，采用入口机架辊缝控制张力的方式是不可取的。

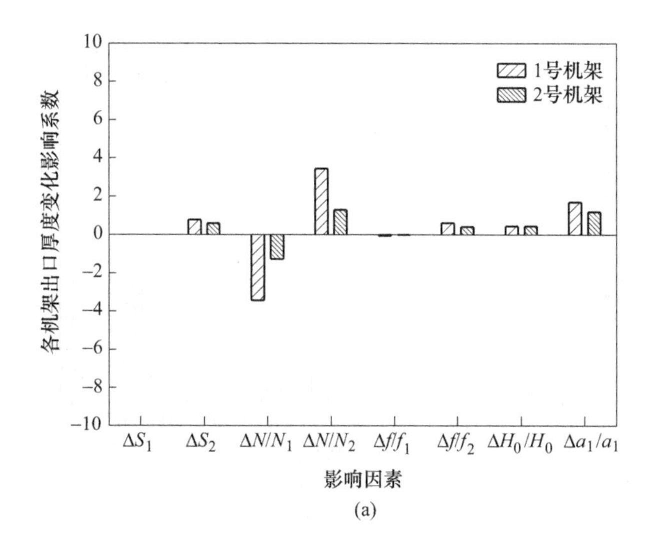

(a)

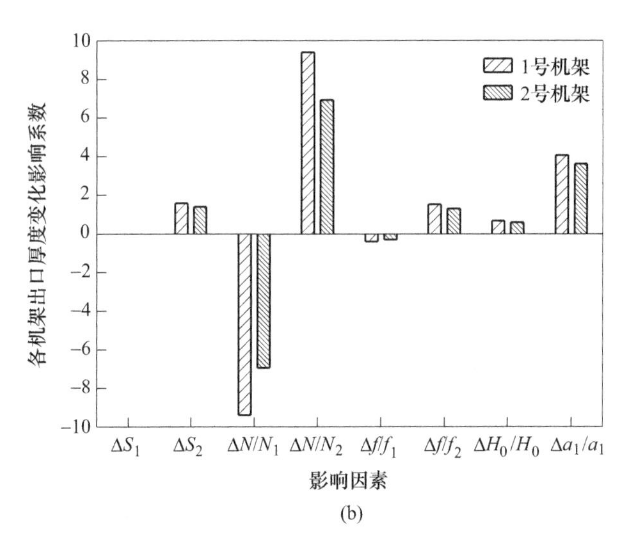

图 4-7　入口机架辊缝控制机架间张力时各因素对出口厚度的影响
（a）正向轧制；（b）逆向轧制

4.3.1.2　辊速进行张力控制

由图 4-8 可以看出，在利用入口机架辊速进行张力控制时，坯料厚度在正向轧制时对各机架出口厚度的影响比逆向轧制时要大，其他因素对出口厚度的影响均为在逆向轧制时更大，这也与前面不进行张力控制时的轧制特性一致。

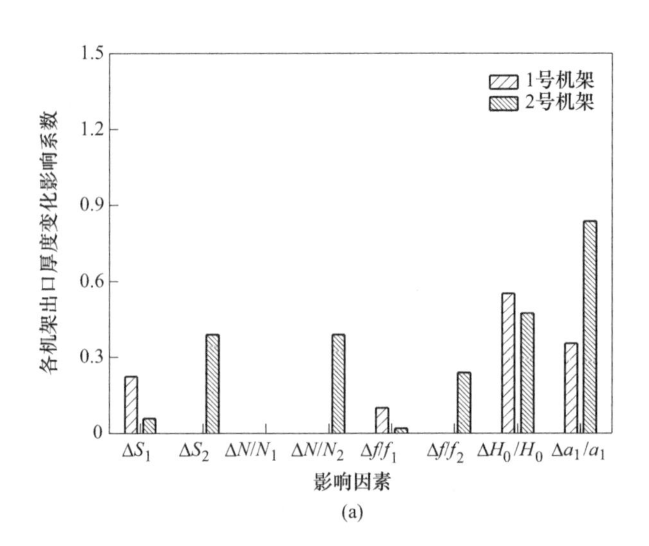

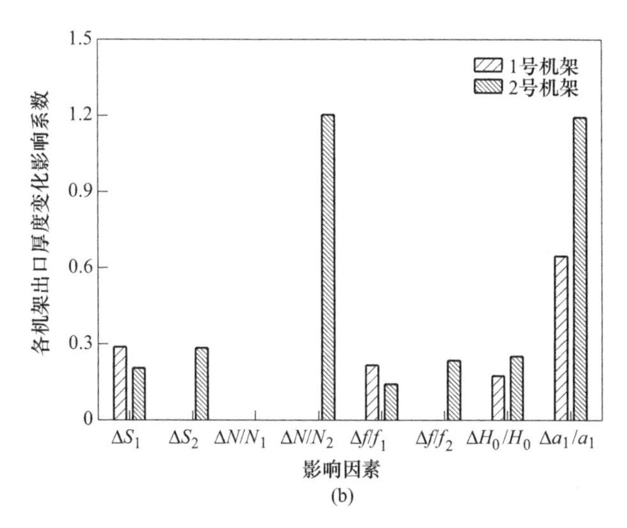

图 4-8　入口机架辊速控制机架间张力时各因素对出口厚度的影响

（a）正向轧制；（b）逆向轧制

4.3.2　利用出口机架进行张力控制

4.3.2.1　辊缝进行张力控制

由图 4-9 可以看出，利用出口机架辊缝进行张力控制时的轧制特性与不进行张力控制时的轧制特性一致。除坯料厚度外，其他因素在逆向轧制时对各机架出口厚度的影响比正向轧制时大。

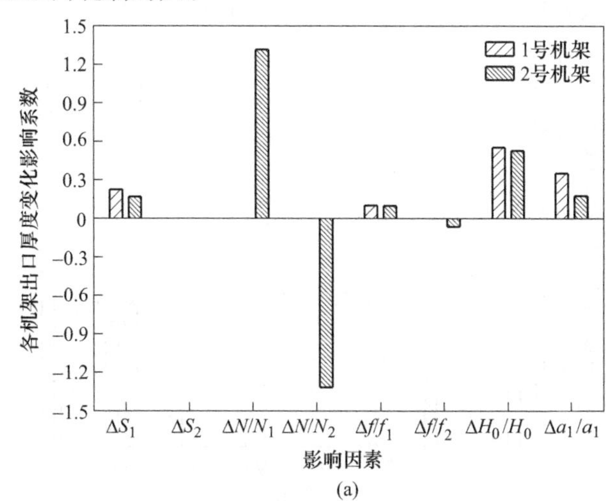

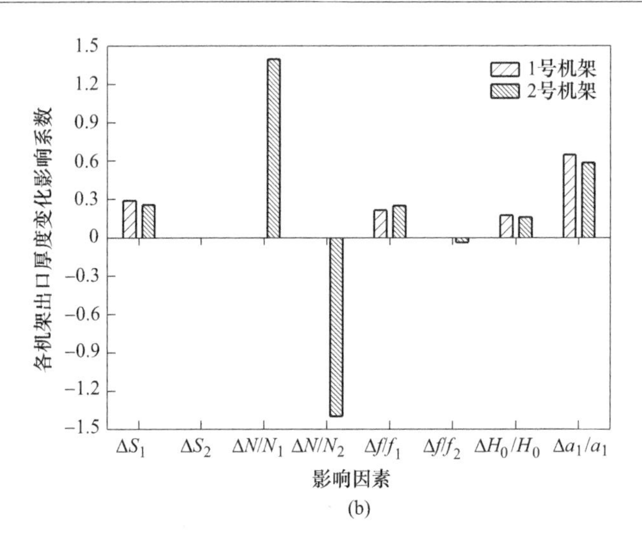

图 4-9　出口机架辊缝控制机架间张力时各因素对出口厚度的影响

（a）正向轧制；（b）逆向轧制

4.3.2.2　辊速进行张力控制

由图 4-10 可以看出，在利用出口机架辊速进行张力控制时，机组的轧制特性也与不进行张力控制时的轧制特性一致。

通过上述分析可以看出，利用入口机架辊缝进行张力控制时，各因素波动对出口厚度的影响太大，会对厚度控制的稳定性产生不利影响。而不管采用何种张力控制形式，速度一直是轧制过程对厚度影响较大的因素，除了速度变化对摩擦系数的影响外，油膜轴承油膜厚度变化也是导致速度对厚度产生较大影响的主要原因，因此轧制过程中速度的稳定性对厚度控制是非常重要的。另外，无论是在

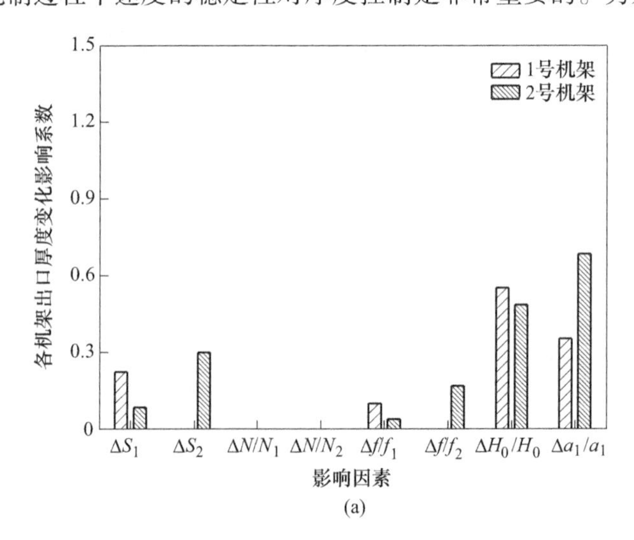

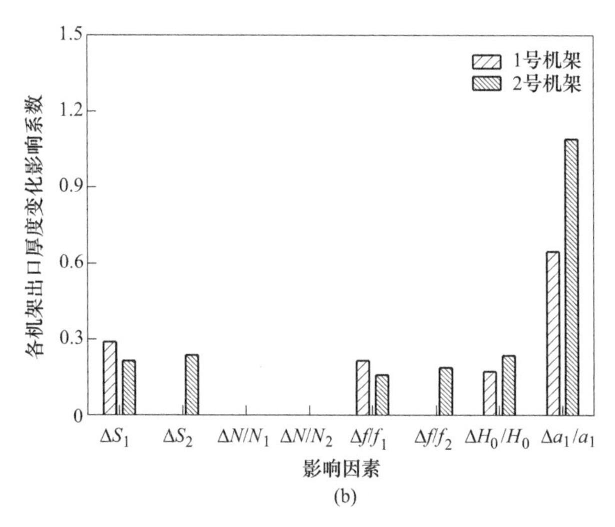

(b)

图 4-10　出口机架辊速控制机架间张力时各因素对出口厚度的影响

(a) 正向轧制；(b) 逆向轧制

正向轧制还是逆向轧制时，不管采用何种张力控制方式（除利用入口机架辊缝进行张力控制外），入口机架辊缝对出口厚度的影响是很稳定的，又由于来料厚度偏差较大，因此可利用入口机架辊缝进行厚度控制。

4.4　轧机凸度影响因素分析

由图 4-11 可以看出正向轧制与逆向轧制时辊缝变化对各机架出口厚度的影响趋势相同，且在正向轧制时影响更显著；第一机架辊缝变化对出口厚度的影响较第二机架大，逆向轧制时第二机架辊缝变化对出口厚度几乎不产生影响。

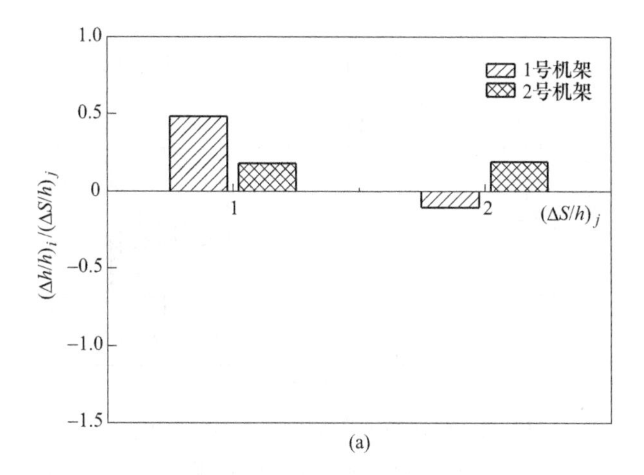

(a)

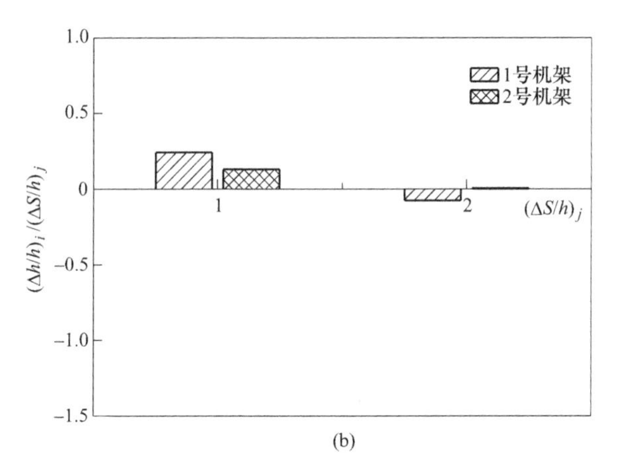

图 4-11　辊缝变化对各机架出口厚度的影响
（a）正向轧制；（b）逆向轧制

由图 4-12 可以看出辊速变化对 1 号、2 号机架出口厚度的影响趋势相反，在

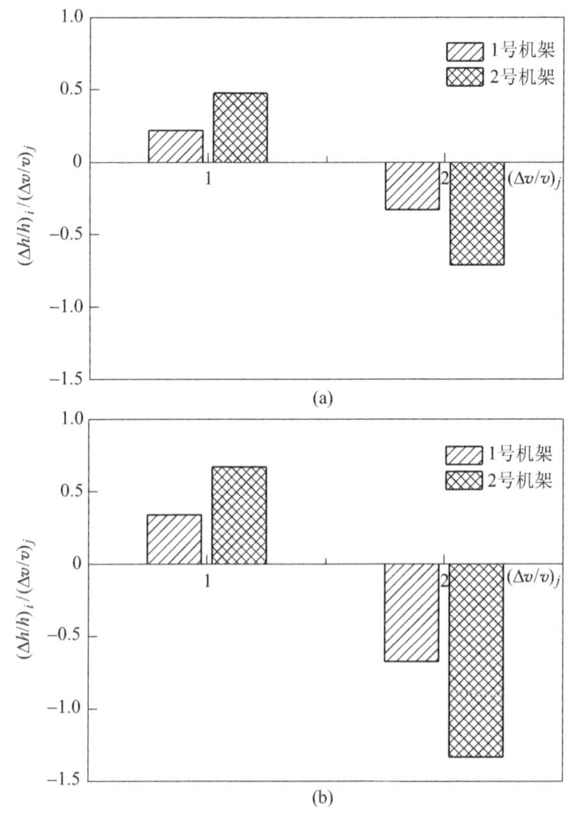

图 4-12　辊速变化对各机架出口厚度的影响
（a）正向轧制；（b）逆向轧制

逆向轧制时辊速变化的影响较正向轧制时显著，且对第 2 机架影响较第 1 机架显著。

由图 4-13 可以看出第 2 机架辊缝变大，1 号、2 号机架凸度均变小，第 1 机架辊缝变大，第 1 机架出口带钢凸度变小，第 2 机架出口带钢凸度变大；辊缝变化对辊缝改变机架的出口带钢凸度影响更显著，且逆向轧制时影响更大。

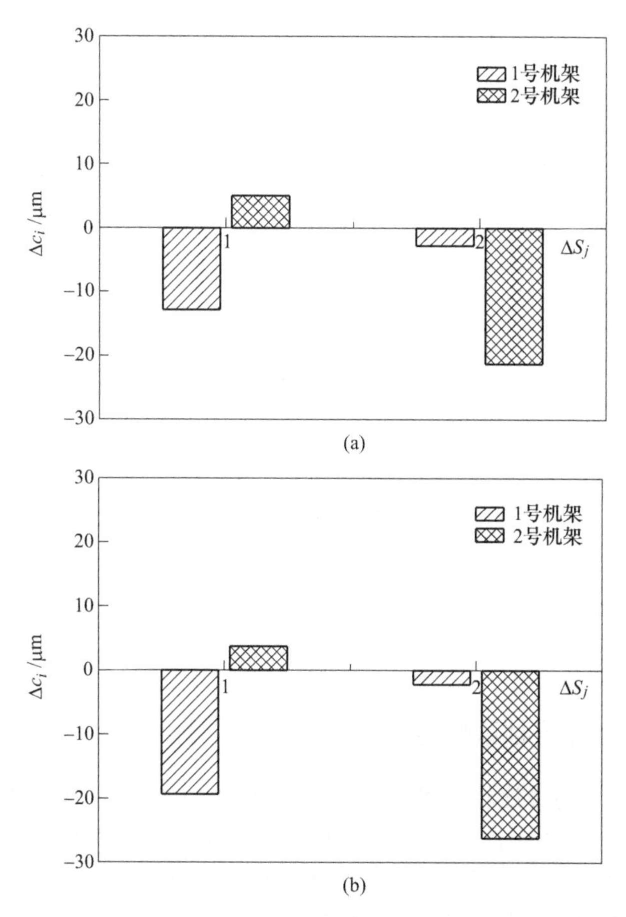

图 4-13 辊缝变化对各机架凸度的影响
(a) 正向轧制；(b) 逆向轧制

由图 4-14 可以看出 1 号、2 号机架辊速变化对凸度变化的影响趋势相反，第 1 机架辊速变大，1 号、2 号机架出口带钢凸度变大，第 2 机架辊速变大，1 号、2 号机架出口带钢凸度变小；在正向轧制时的影响较逆向轧制更显著。

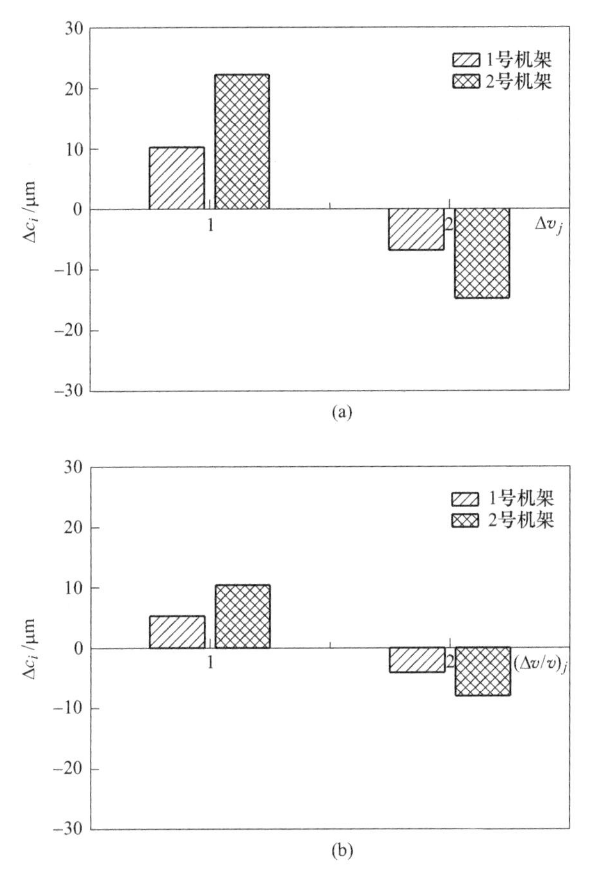

图 4-14　辊速变化对各机架凸度的影响

（a）正向轧制；（b）逆向轧制

4.5　厚度和张力控制策略分析

对于双机架可逆冷连轧机组，为避免控制环的形成，应通过对卷筒传动的控制来控制机架和卷筒之间的张力，即前张力和后张力，而机架间张力可通过各机架的辊缝或速度来进行控制。通过前面分析可知，利用入口机架辊缝进行机架间张力控制时，各因素对出口厚度的影响都很大，特别是入口机架速度波动对厚度的影响很难消除，因此入口机架辊缝不适合用于机架间张力的控制，而入口机架和出口机架的辊速以及出口机架的辊缝均可用于机架间张力的控制。

某厂双机架可逆冷连轧机组的 GCS（厚度控制系统）包括 FFC（前馈控制）、FBC（反馈控制）和 VFC（秒流量控制）三种方式。FFC 和 FBC 作用于各机架的 HGC（液压辊缝控制），HGC 又分为位置控制模式和压力控制模式，但其本质都是控制各机架的压下。VFC（秒流量控制）分为粗调秒流量控制和精调秒流量控制。在粗调秒流量控制时，出口侧厚度由入口机架的厚度控制系统进行控制，用入口机架平衡所有输入厚度偏差，使出口机架得到一个恒定的秒流量，此时入口机架处于辊缝控制模式，辊缝设定值由2级模型计算得到，通过GCS进行修正，而出口机架处于压力控制模式，设定值也由2级模型计算得到，张力控制则作用在出口机架的HGC上，以保证机架间张力的稳定。在精调秒流量控制时，入口机架仍然处于辊缝控制模式，辊缝设定值由2级模型计算得到，通过GCS进行修正，用入口机架平衡所有厚度偏差，并保证秒流量恒定，而出口机架则处于监控状态，使用压力控制模式，压力设定值由2级模型计算得到，并通过GCS进行修正，张力控制则作用于出口机架的速度，以保证机架间张力的稳定。

通过上述设计思路可以看出，粗调秒流量控制是利用入口机架平衡所有输入厚度偏差，利用出口机架的辊缝控制机架间张力；精调秒流量控制则是利用入口机架平衡所有的输入厚度偏差，利用出口机架的速度控制机架间张力。实际轧制过程中，以出口机架为速度主机架，入口机架可选VFC或同时选FFC和FBC进行厚度控制，出口机架则选FBC进行厚度精调，同时利用入口机架的速度对机架间张力进行控制。由此可以看出，其控制思路与前面的分析结果一致，即利用入口机架的辊缝进行厚度控制，而利用入口机架速度、出口机架速度或辊缝控制机架间张力，对产品精度和轧制过程的稳定性最为有利。

参考文献

[1] Liu Guang ming, Di Hong shuang, Hao Liang, et al. Effect of the thickness control method on the strip crown of the two stands reversible cold rolling mill [C]//The 5th International Symposium of advanced structural steel and rolling technology, Shenyang, 2008, 126~131.

[2] 刘光明，侯泽跃，郝亮，等. 双机架可逆冷轧机组静态特性分析 [C]//2008年全国冷轧板带生产技术交流会暨冷轧板带学术委员会工作会议，西宁，2008，109~114.

[3] 刘光明，邸洪双，侯泽跃，等. 双机架可逆冷轧机组动态特性分析 [J]. 钢铁研究学报，2010 (3): 9~12.

[4] 刘光明. 双机架可逆四辊冷轧机轧制特性及板形控制特性研究 [D]. 东北大学，2010.

[5] Liu Guang ming, Di Hong shuang, Zhou Cun long, et al. Tension and Thickness Control Strategy Analysis of Two Stands Reversible Cold Rolling Mill [J]. Journal of Iron and Steel Research, International, 2012, 19 (10): 20~25.

5 双机架可逆冷连轧机组动态特性分析

5.1 参数波动对轧制状态的影响

在轧制过程中，干扰量和控制量不可避免。由于连轧机是一个整体，任何一个参数的变化都会通过张力的变化瞬时的传递给每一个机架，而出口厚度的变化还将传递给下游机架。因此研究上述参数波动对整个机组的影响，如对张力、出口厚度的影响是十分重要的。此外，对于自动控制系统的设计和已有控制系统的动态过程分析也是有益的。

5.1.1 参数波动的计算流程

双机架冷连轧机组由于机架间存在张力将多个机架连接成一个整体，构成了一个复杂的“机械-电气-工艺”一体化的多变量系统。

在轧制过程中，干扰量（如来料厚度波动、来料硬度波动及轧辊偏心等）与控制量（如某一机架压下的变动、弯辊、窜辊变动以及辊速波动）不可避免，双机架冷连轧机组是一个整体，任何一个参数的波动都会通过张力的变化瞬时的传递给每一个机架，瞬时影响前后机架的轧制力、前后滑，进而影响厚度、板凸度和速度，任何因素影响张力波动后将既是顺流又是逆流的影响各机架的主要轧制参数。而第一机架的带钢出口厚度的变化还将延时的传递给下游的第二机架，造成第二机架出口厚度的扰动，这种影响是顺流的。

造成带钢出口厚度偏差的原因有：

由热轧钢卷（冷轧来料）带来的扰动，属于这类的有：热轧板卷带厚不均，这是由于热轧设定模型和 AGC 控制不良造成的（来料厚度波动）；热轧板卷硬度（变形抗力）不均，这是由于热轧终轧及卷取温度控制不良造成的（来料变形抗力波动）。来料厚差随着冷连轧厚度控制而逐渐变小，但来料变形抗力波动却具有重发性，即变形抗力较大（或者较小）的该段带钢进入每一机架都将产生新的厚度差。

冷连轧机组本身的扰动，属于这类的有：不同速度和压力条件下油膜轴承的油膜厚度将有所差别（特别是加减速时油膜厚度的变化）；轧辊椭圆度（轧辊偏心）；轧辊热膨胀和轧辊磨损。其中轧辊偏心为高频扰动。

由于工艺等其他原因造成的厚差，属于这类的有：不同轧制乳化液以及不同轧制速度条件下轧辊-轧件间摩擦系数不同（包括加减速时摩擦系数的波动）；酸洗焊缝或者轧制焊缝通过轧机时造成的厚度差。这类厚度差属于非正常状态的厚差，不是冷连轧 AGC 所能解决的，是不可避免的。

由于冷连轧轧件很薄以及强烈的加工硬化，纠正厚度差的能力有限，高质量的热轧来料是生产高质量冷轧产品的重要条件。

研究上述参数波动对整个机组的影响，如所引起的张力、出口厚度的变化是很必要的，本章主要考虑热轧来料卷厚度波动、轧制速度和辊缝波动对带钢出口厚度差及机架间张力的影响。图 5-1 为轧制参数波动时的仿真计算流程图。

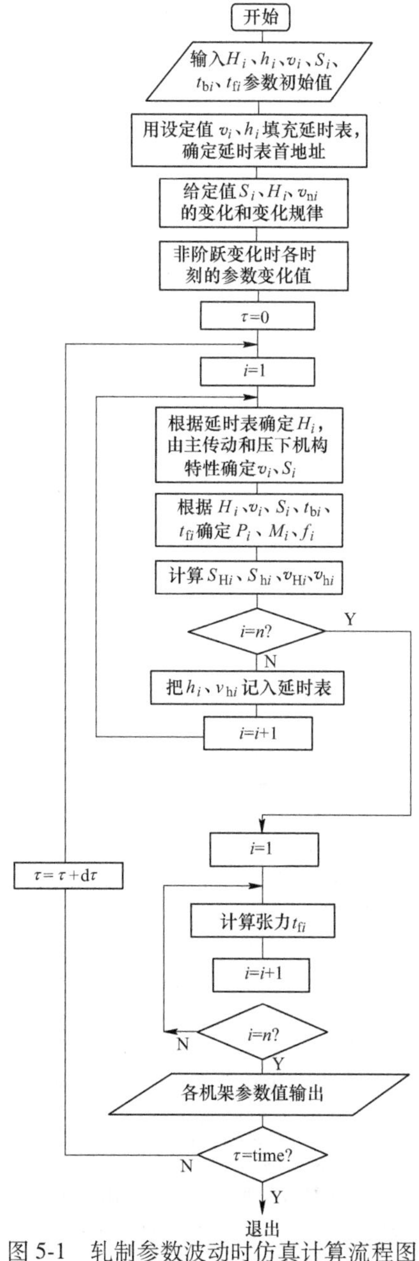

图 5-1　轧制参数波动时仿真计算流程图

来料厚度 H 的变化可以是阶跃变化，也可以是渐进式的变化，可以用半周期正弦规律近似计算各时刻冷轧来料的水印厚差。各机架辊缝 S_i 和辊速 v_{Ni} 的变化可以是阶跃的，也可以是斜坡变化的。

5.1.2　轧件入口厚度波动的影响

（1）轧件来料厚度阶跃变化对出口厚度和机架间张力的影响，如图 5-2 所示。由图 5-2（a）可以看出，来料厚度在正向轧制时对各机架出口厚度的影响比逆向轧制时明显。正向轧制时来料厚度对第 1 机架出口厚度的影响要大，而逆向轧制时来料厚度对第 2 机架出口厚度的影响略大，正向轧制时，来料厚度减小

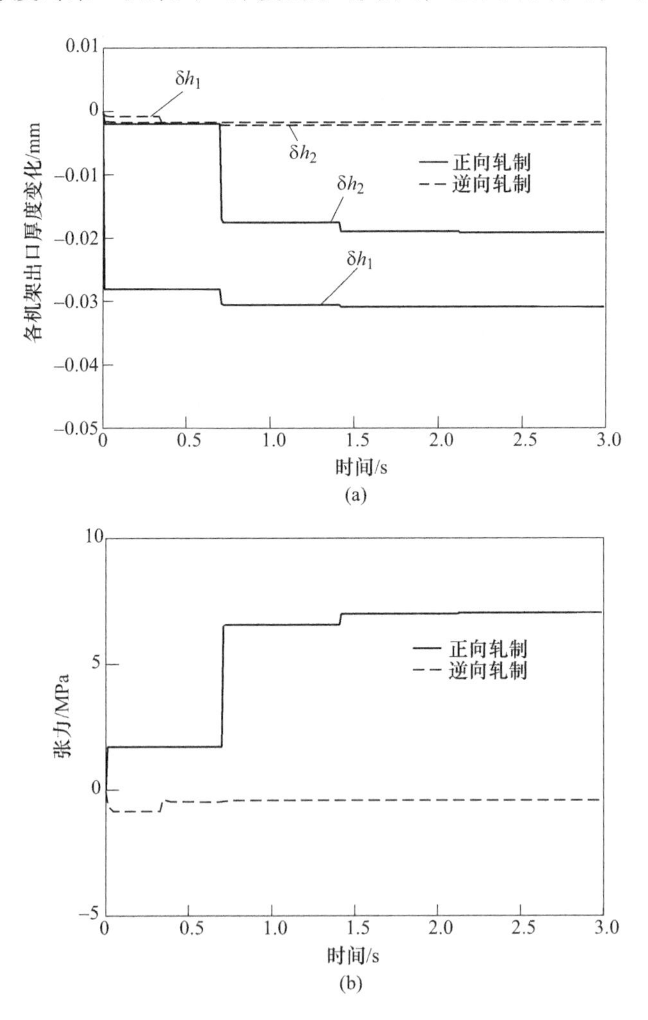

图 5-2　来料厚度对各机架出口厚度和机架间张力的影响

（a）对出口厚度的影响；（b）对机架间张力的影响

0.1mm，第一机架出口厚度变化最大，减小 0.0309mm。由图 5-2（b）可以看出，正向轧制时，来料厚度对机架间张力的影响比逆向轧制时明显，且正向轧制与逆向轧制时对机架间张力的影响趋势相反。正向轧制时，来料厚度减小 0.1mm，机架间张力增加了 7.0331MPa，而逆向轧制时，来料厚度减小 0.1mm，机架间张力减小了 0.412MPa。

（2）当轧件入口厚度发生波动，轧件入口厚度 $\Delta H = +0.1\text{mm}$，水印长度为 500mm 的半周期正弦波时，轧件的出口厚度 h_i，机架间的张力 t_f、轧制力 P_i 分别如图 5-3～图 5-5 所示。

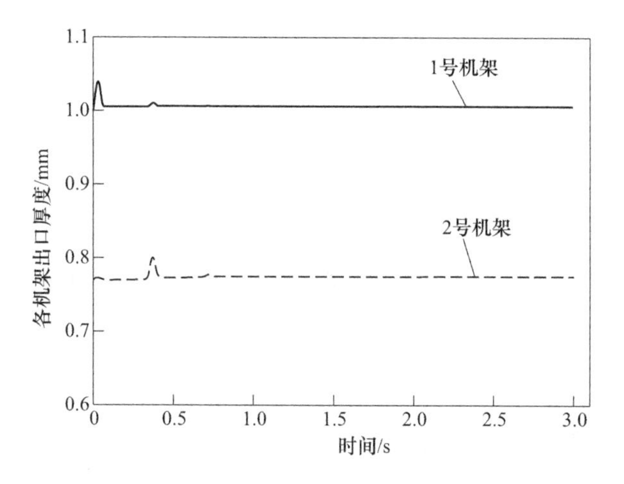

图 5-3 轧件入口厚度增加 0.1mm 时带钢出口厚度的变化

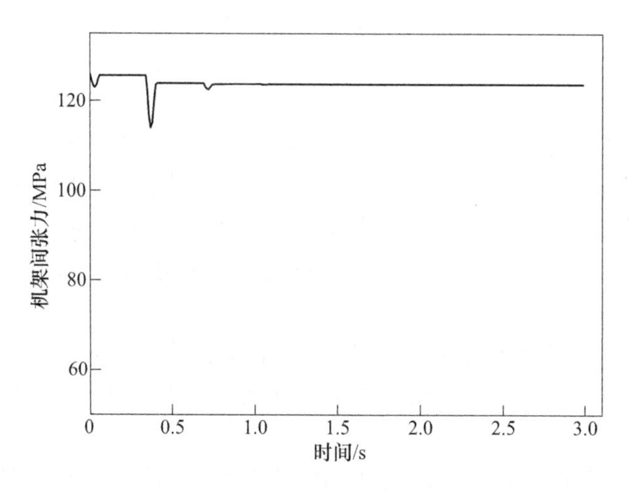

图 5-4 轧件入口厚度增加 0.1mm 时机架间张力的变化

波动终了，各机架由前一稳定轧制状态过渡到下一稳定状态时，各机架带钢

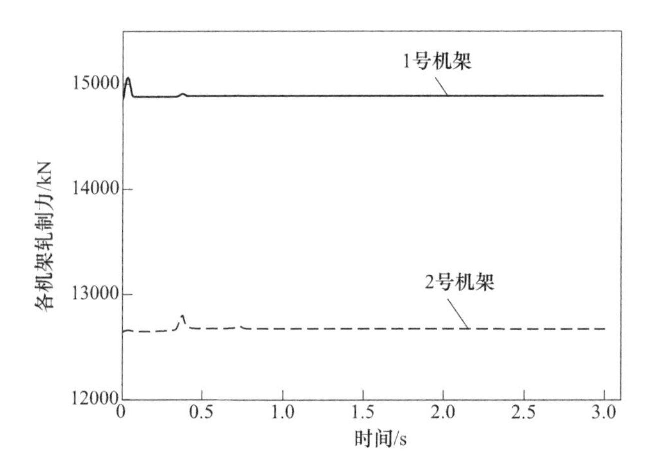

图 5-5　轧件入口厚度增加 0.1mm 时轧制力的变化

厚度变化率 δh_i、机架间张力变化率 $\delta t_{f_{12}}$、轧制力变化率 δP_i示于表 5-1 中。

表 5-1　来料厚度波动+0.1mm 带钢出口厚度、机架间张力、轧制力变化率

机架号	带钢厚度变化率 δh_i/%		轧制力变化率 δP_i/%		机架间张力变化率 $\delta t_{f_{12}}$/%	
	最大	终了	最大	终了	最大	终了
1	4.21	0.70	1.50	0.25	-9.55	-1.83
2	3.82	0.66	1.22	0.21	-9.55	-1.83

由图 5-3~图 5-5 和表 5-1 可以看出，当来料厚度增加 0.1mm 时，带钢出口厚度增加，第 1 机架波动峰值为 4.21%，波动量达 42.06μm，第 2 机架波动峰值为 3.82%，即 29.41μm，可见即使不投入 AGC 控制板厚，轧机也有一定的厚度纠偏能力。张力也会随着带钢出口厚度的增加而降低，降幅达 9.55%，即 12.03MPa，之后随着入口厚度回落，机架间张力回升。当增厚部分到达第 2 机架时，机架间的张力又有一个小幅波动，造成第 1 机架的出口厚度小幅增厚波动，如此循环进行，只是波动幅度越来越小，轧制过程达到一个新的稳定状态。

（3）当轧件入口厚度 $\Delta H=-0.1$mm，水印长度为 500mm 的半周期正弦波时，轧件的出口厚度 h_i，两机架间的张力 t_f、轧制力 P_i分别如图 5-6~图 5-8 所示。

波动终了，各机架由前一稳定轧制状态过渡到下一稳定状态时，各机架带钢厚度变化率 δh_i、机架间张力变化率 $\delta t_{f_{12}}$、轧制力变化率 δP_i示于表 5-2 中。

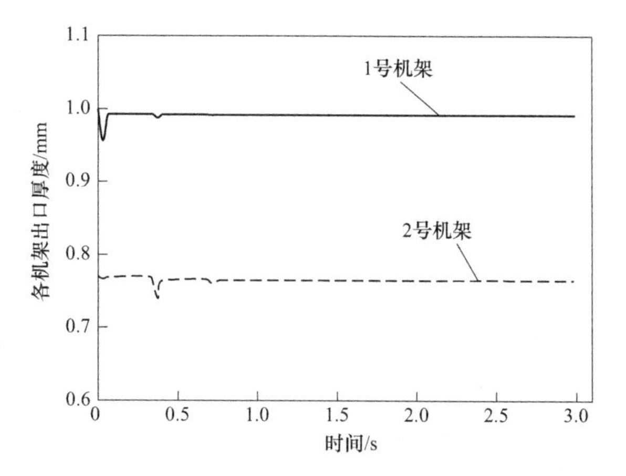

图 5-6 轧件入口厚度减小 0.1mm 时出口厚度的变化

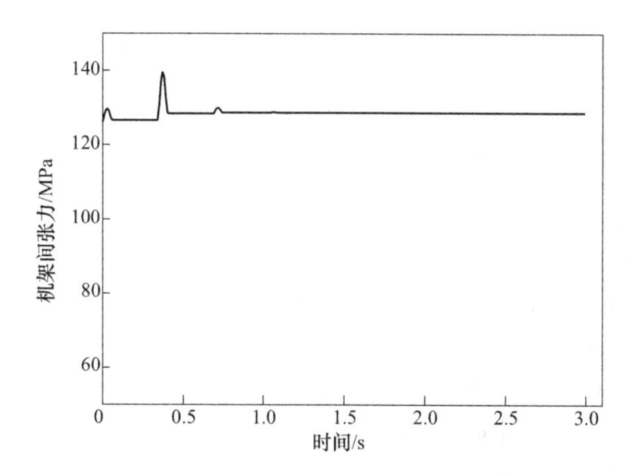

图 5-7 轧件入口厚度减小 0.1mm 时张力的变化

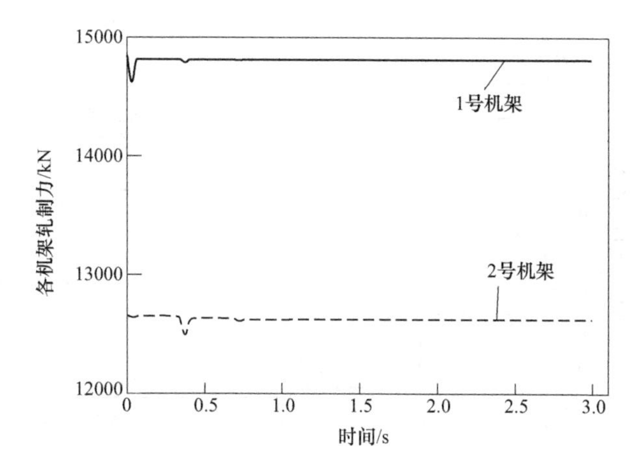

图 5-8 轧件入口厚度减小 0.1mm 时轧制力的变化

表 5-2　来料厚度波动-0.1mm 带钢出口厚度、机架间张力、轧制力变化率

机架号	带钢厚度变化率 δh_i/%		轧制力变化率 δP_i/%		机架间张力变化率 $\delta t_{f_{12}}$/%	
	最大	终了	最大	终了	最大	终了
1	-4.52	-0.71	-1.61	-0.25	10.70	2.07
2	-4.13	-0.70	-1.33	-0.22	10.70	2.07

由图 5-6～图 5-8 和表 5-2 可以看出，当来料厚度减薄 0.1mm 时，带钢出口厚度减薄，第 1 机架波动峰值为-4.52%，波动量达 45.15μm，第 2 机架波动峰值为-4.13%，即 41.26μm，可见即使不投入 AGC 控制板厚，轧机也有一定的厚度纠偏能力。张力也会随着带钢出口厚度的减薄而增加，增幅达 10.70%，即 13.48MPa，之后随着入口厚度回升，机架间张力下降。当减薄部分到达第二机架时，机架间的张力又有一个小幅波动，造成第一机架的出口厚度小幅减薄波动，如此循环进行，只是波动幅度越来越小，轧制过程达到一个新的稳定状态。

5.1.3　轧制速度波动的影响

由图 5-9 可以看出，第 1 机架辊速减小，1 号、2 号机架带钢出口厚度均减小；第 2 机架辊速减小，1 号、2 号机架带钢出口厚度均增大。辊速变化是通过改变张力对出口厚度产生影响的，辊速变化对第 2 机架出口厚度的影响大于对第 1 机架的影响，这是因为后张力对轧件变形的影响效果更明显。辊速变化在正向轧制时对出口厚度的影响比逆向轧制时大，因为正向轧制时辊速对张力的影响更显著（如图 5-10 所示）。正向轧制时，第 1 机架辊速减小 0.5m/s，2 号机架出口厚度变化最大，减小了 0.0969mm。

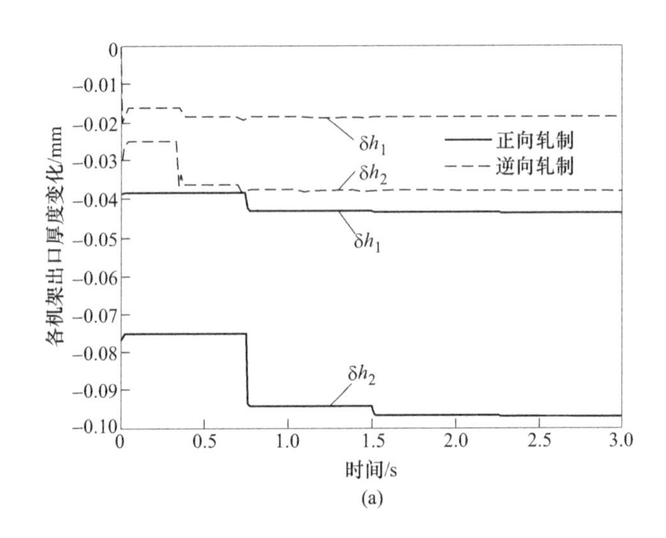

(a)

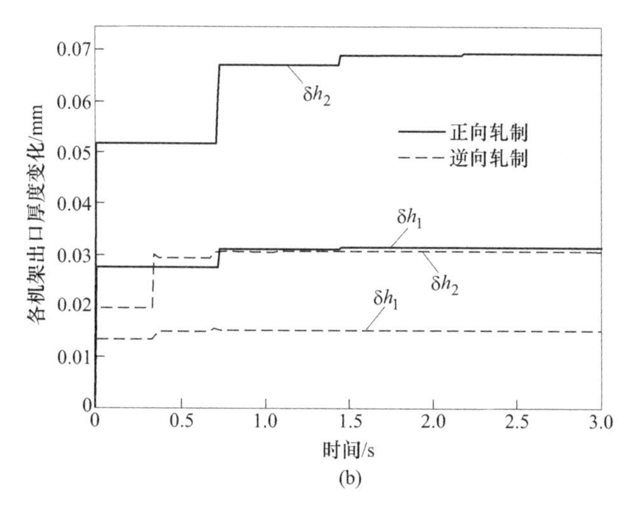

(b)

图 5-9 辊速阶跃变化对各机架出口厚度的影响

（a）第 1 机架辊速变化的影响；（b）第 2 机架辊速变化的影响

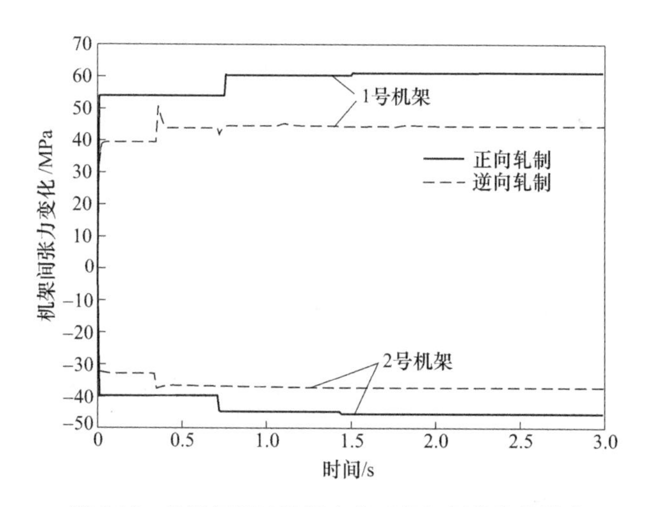

图 5-10 各机架辊速阶跃变化对机架间张力的影响

由图 5-10 可以看出，第 1 机架辊速减小，机架间张力变大；第 2 机架辊速减小，机架间张力变小。第 1 机架辊速变化对机架间张力的影响比第 2 机架辊速变化的影响大，正向轧制时，第 1 机架辊速减小 0.5m/s，机架间张力变化最大，增加了 61.202MPa。

轧辊线速度发生变化，当 $\Delta V_i=0.5$m/s 时，速度斜坡变化，轧件的出口厚度 h_i，两机架间的张力 t_f 如图 5-11～图 5-14 所示。

速度波动终了，各机架由前一稳定轧制状态过渡到下一稳定状态，各机架带钢厚度变化率 δh_i、机架间张力变化率 δt_{f12}、轧制力变化率 δP_i 见表 5-3。

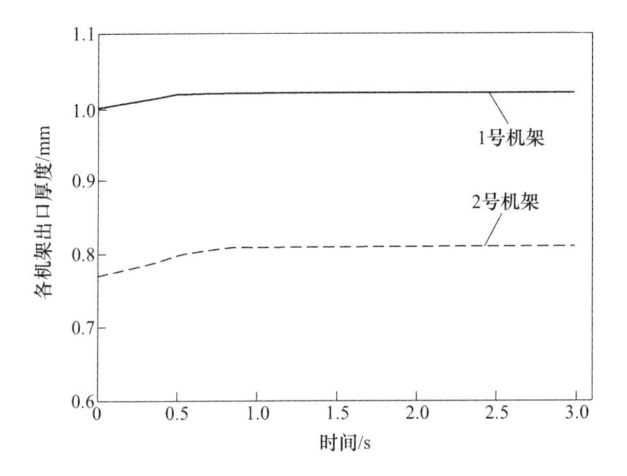

图 5-11　第 1 机架辊速增加 0. 5m/s 时带钢出口厚度的变化

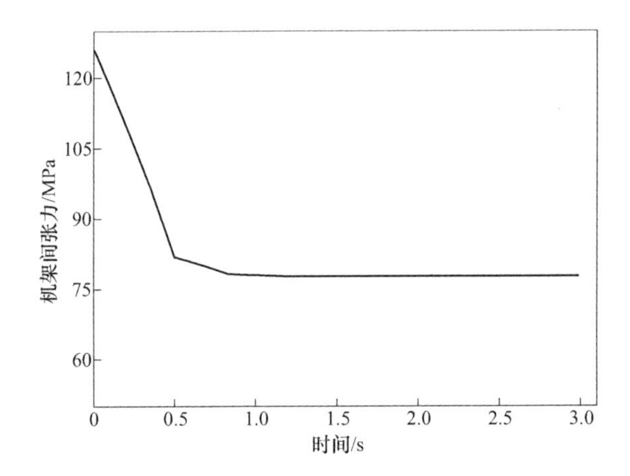

图 5-12　第 1 机架辊速增加 0. 5m/s 时机架间张力的变化

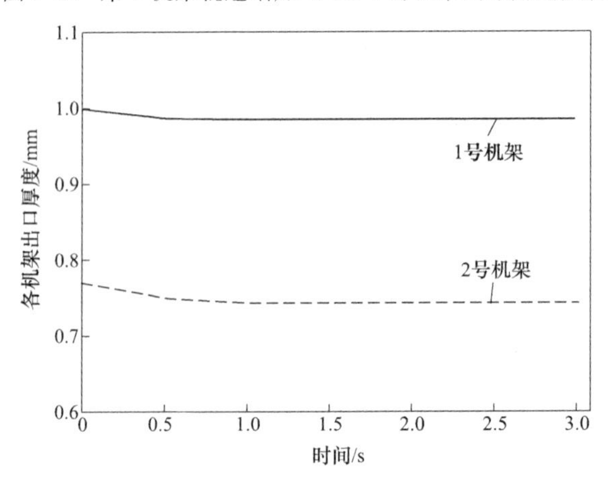

图 5-13　第 2 机架辊速增加 0. 5m/s 时带钢出口厚度的变化

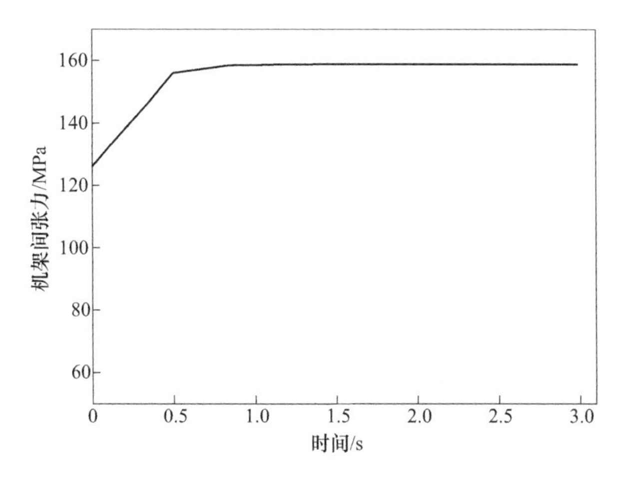

图 5-14　第 2 机架辊速增加 0.5m/s 时机架间张力的变化

表 5-3　速度波动 0.5m/s 时，带钢出口厚度、机架间张力变化率

机架号	$\delta v_1=+0.5\mathrm{m/s}$		$\delta v_2=+0.5\mathrm{m/s}$	
	带钢厚度变化率 $\delta h_i/\%$	机架间张力变化率 $\delta t_{f1_2}/\%$	带钢厚度变化率 $\delta h_i/\%$	机架间张力变化率 $\delta t_{f_{12}}/\%$
1	1.99	−38.34	−1.39	26.03
2	5.16	−38.34	−3.64	26.03

轧辊线速度发生变化时，当 $\Delta V_i=-0.5\mathrm{m/s}$ 时，速度斜坡变化，轧件的出口厚度 h_i，两机架间的张力 t_f 如图 5-15～图 5-18 所示。

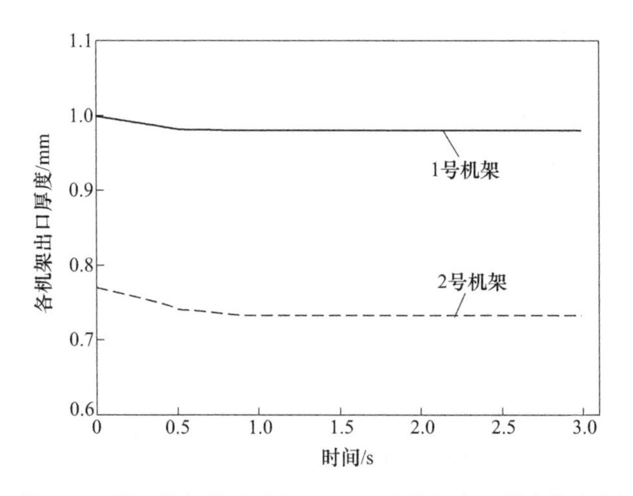

图 5-15　第 1 机架辊速减小 0.5m/s 时带钢出口厚度的变化

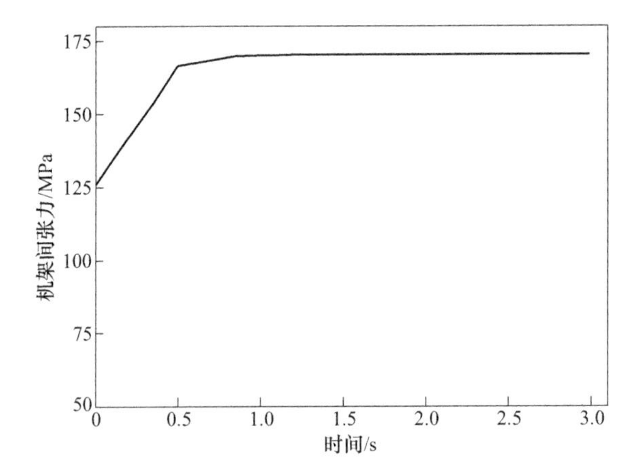

图 5-16　第 1 机架辊速减小 0.5m/s 时机架间张力的变化

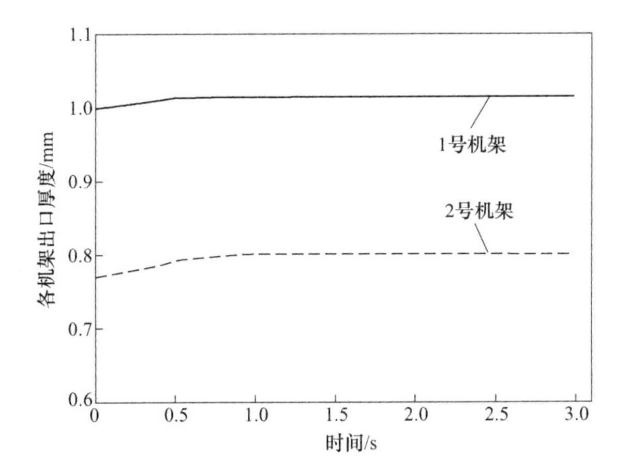

图 5-17　第 2 机架辊速减小 0.5m/s 时带钢出口厚度的变化

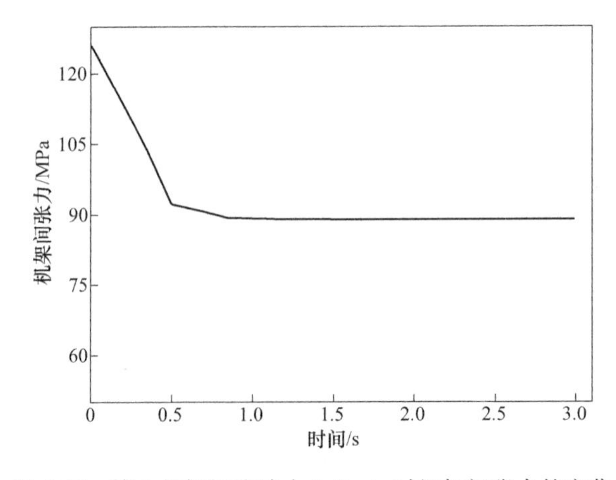

图 5-18　第 2 机架辊速减小 0.5m/s 时机架间张力的变化

速度波动终了，各机架由前一稳定轧制状态过渡到下一稳定状态，各机架带钢厚度变化率 δh_i、机架间张力变化率 $\delta t_{f_{12}}$、轧制力变化率 δP_i 示于表 5-4。

表 5-4 速度波动-0.5m/s 时，带钢出口厚度、机架间张力变化率

机架号	$\delta v_1=-0.5$m/s		$\delta v_2=-0.5$m/s	
	带钢厚度变化率 δh_i/%	机架间张力变化率 $\delta t_{f_{12}}$/%	带钢厚度变化率 δh_i/%	机架间张力变化率 $\delta t_{f_{12}}$/%
1	-1.89	35.19	1.54	-29.42
2	-4.96	35.19	3.97	-29.42

由图 5-11～图 5-18 和表 5-3、表 5-4 可以看出，第 1 机架轧辊速度增加和第 2 机架轧辊速度减小，机架间张力大幅降低，前者造成的降幅达 38.34%，即 48.31MPa，后者降幅达 29.42%，即 37.07MPa；带钢出口厚度增加，而且具有累积效应，对于第 1 机架增速，第 1 机架带钢出口厚度增幅为 1.99%，量值为 19.88μm，第 2 机架增幅达 5.16%，即 39.73μm。对于第 2 机架减速，第 1 机架带钢出口厚度增幅为 1.54%，量值为 15.38μm，第 2 机架增幅达 3.97%，即 30.57μm。

第 2 机架轧辊速度增加和第 1 机架轧辊速度减小，则机架间张力大幅升高，前者造成的增幅为 26.03%，即 32.80MPa，后者增幅达 35.19%，即 44.34MPa；带钢出口厚度减薄，同样具有积累效应，对于第 2 机架增速，第一机架降幅为 1.39%，量值为 13.89μm，第 2 机架降幅达 3.64%，即 28.03μm。对于第 1 机架减速，第 1 机架带钢出口厚度降幅为 1.89%，量值为 18.88μm，第 2 机架降幅达 4.96%，即 38.19μm。

轧辊线速度对轧制参数的影响极大，是所有影响机架间张力的轧制因素中最活跃的参数，即轧制参数对轧辊速度变化最为敏感，而且可以得出，第 1 机架轧辊加减速对张力和厚度的影响要大于第 2 机架。因此在张力和厚度控制时要充分考虑轧辊速度的影响。

5.1.4 轧机辊缝波动的影响

由图 5-19 可以看出，第 1 机架辊缝减小，1 号、2 号机架带钢出口厚度均减小；第 2 机架辊缝减小，第 1 机架带钢出口厚度变大，第 2 机架带钢出口厚度变小，逆向轧制时，第 2 机架带钢出口厚度变化很小。辊缝阶跃变化在正向轧制时对带钢出口厚度的影响大于逆向轧制时的影响，因为逆向轧制时，带钢硬度变大，即轧件的塑性系数（轧件塑性曲线的斜率）变大，相同的辊缝变化引起的带钢厚度变化减小。正向轧制时，第 1 机架辊缝减小 0.1mm，1 机架出口厚度变化最大，减小了 0.0378mm。

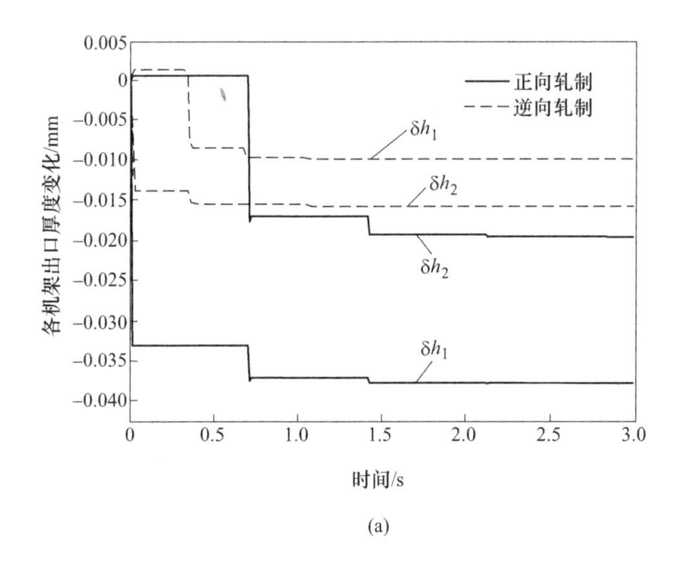

(a)

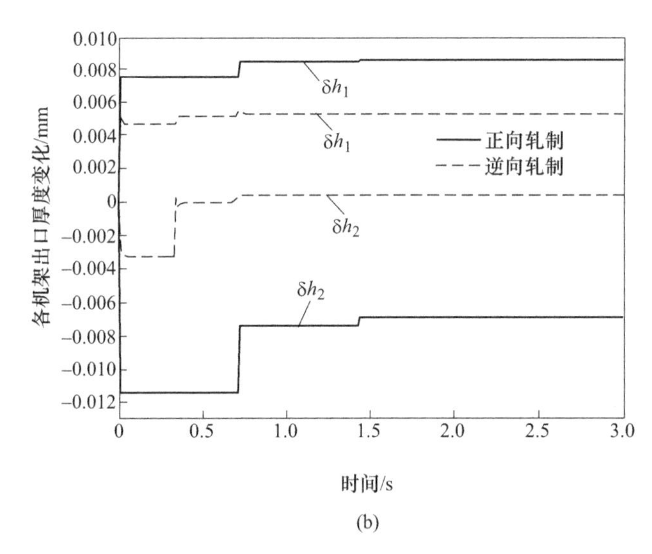

(b)

图 5-19　辊缝阶跃变化对各机架出口厚度的影响

（a）第 1 机架辊缝变化的影响；（b）第 2 机架辊缝变化的影响

由图 5-20 可以看出，第 1 机架辊缝变小，机架间张力变大；第 2 机架辊缝变小，机架间张力变小。第 2 机架辊缝变化对机架间张力的影响比第 1 机架辊缝变化的影响大，逆向轧制时，第 2 机架辊缝减小 0. 1mm，机架间张力变化最大，减小了 12. 6832MPa。

辊缝值发生变化时，当 $\Delta S_i = 0.1$mm 时，辊缝斜坡变化，轧件的出口厚度 h_i，两机架间的张力 t_f 如图 5-21～图 5-24 所示。

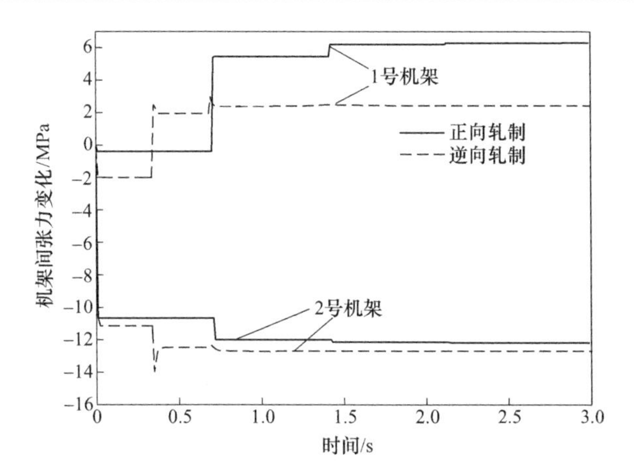

图 5-20　辊缝阶跃变化对机架间张力的影响

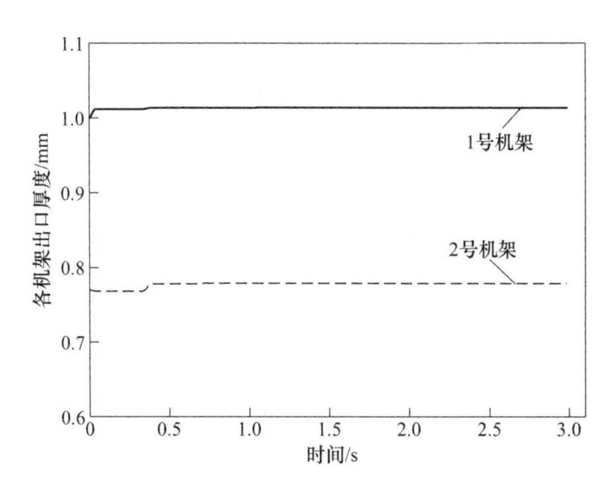

图 5-21　第 1 机架辊缝增加 0.1mm 时带钢出口厚度的变化

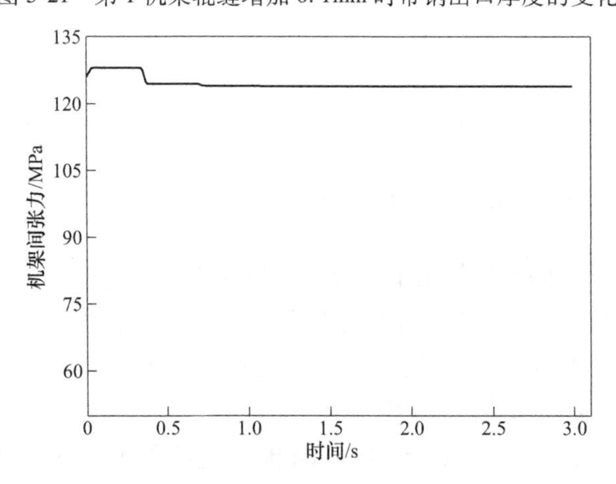

图 5-22　第 1 机架辊缝增加 0.1mm 时机架间张力的变化

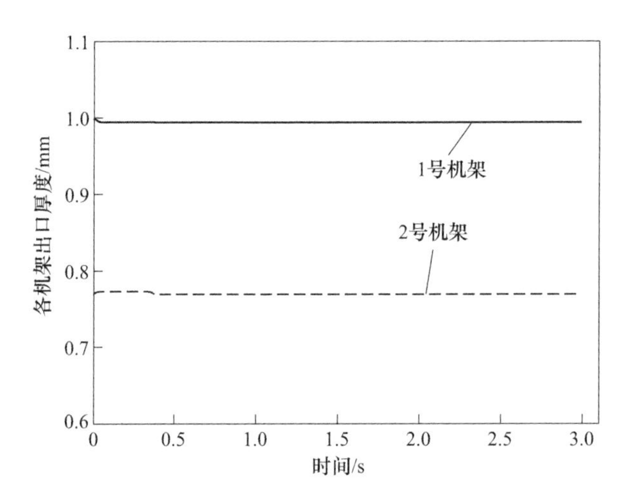

图 5-23　第 2 机架辊缝增加 0.1mm 时带钢出口厚度的变化

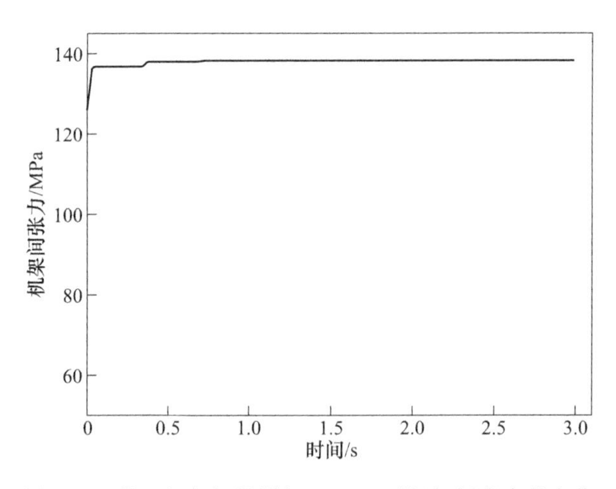

图 5-24　第 2 机架辊缝增加 0.1mm 时机架间张力的变化

辊缝波动终了，即各机架由前一稳定轧制状态过渡到下一稳定状态时，各机架的带钢厚度变化率 δh_i、机架间张力变化率 $\delta t_{f_{12}}$、轧制力变化率 δP_i 示于表 5-5 中。但当 $\delta S_1=+0.1$mm 时，机架间张力开始增大，增幅为 1.63%，随后，张力呈减小趋势，稳定时增量为-1.59%。

辊缝值发生变化时，当 $\Delta S_i=-0.1$mm 时，辊缝斜坡变化，轧件的出口厚度 h_i，两机架间的张力 t_f 如图 5-25～图 5-28 所示。

表 5-5 辊缝波动+0.1mm 时，带钢出口厚度、机架间张力变化率

机架号	$\delta S_1=+0.1$mm		$\delta S_2=+0.1$mm	
	带钢厚度变化率 $\delta h_i/\%$	机架间张力变化率 $\delta t_{f_{12}}/\%$	带钢厚度变化率 $\delta h_i/\%$	机架间张力变化率 $\delta t_{f_{12}}/\%$
1	1.45	−1.59	−0.51	9.68
2	1.16	−1.59	−0.08	9.68

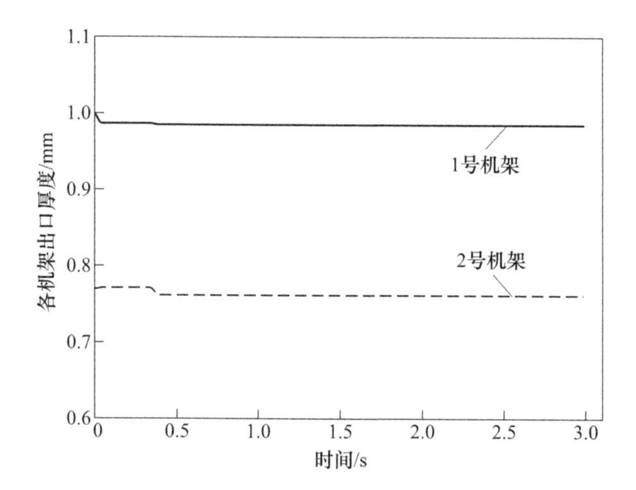

图 5-25 第 1 机架辊缝减少 0.1mm 时带钢出口厚度的变化

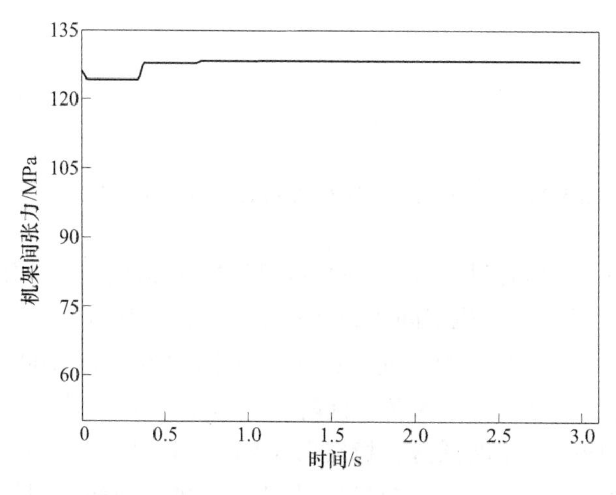

图 5-26 第 1 机架辊缝减少 0.1mm 时机架间张力的变化

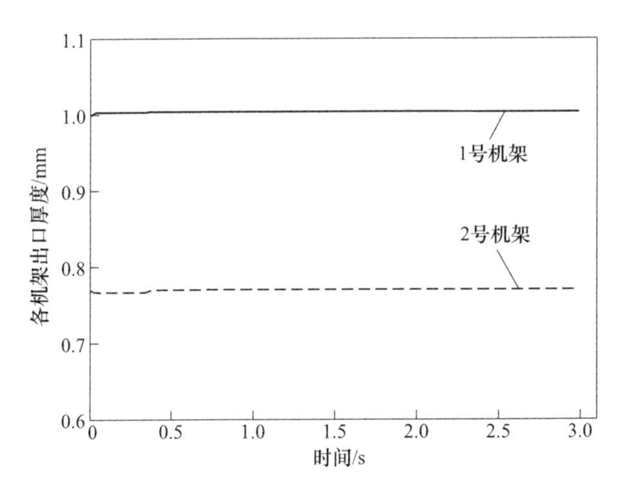

图 5-27　第 2 机架辊缝减少 0. 1mm 时带钢出口厚度的变化

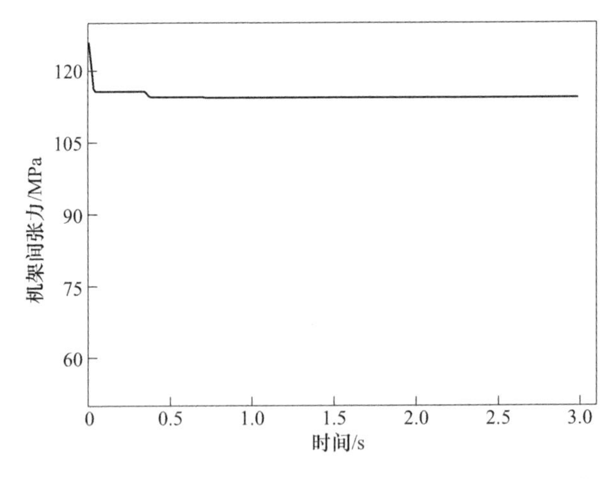

图 5-28　第 2 机架辊缝减少 0. 1mm 时机架间张力的变化

辊缝波动终了，即各机架由前一稳定轧制状态过渡到下一稳定状态时，各机架的带钢厚度变化率 δh_i、机架间张力变化率 $\delta t_{f_{12}}$、轧制力变化率 δP_i示于表 5-6 中。但当 $\delta S_1=-0.1$mm 时，机架间张力开始减小，增幅为-1. 44%，随后，张力呈增加趋势，稳定时增量为 1. 81%，同时第 2 机架出口厚度呈增加趋势，增幅为 1. 81%，随后带钢出口厚度减薄，稳定时增幅达-1. 81%。当 $\delta S_2=-0.1$mm 时，第 2 机架出口厚度呈减薄趋势，增幅为-0. 42%，随后带钢出口厚度增加，稳定时增幅为 0. 05%。

表 5-6 辊缝波动-0.1mm 时，带钢出口厚度、机架间张力变化率

机架号	$\delta S_1=-0.1\text{mm}$		$\delta S_2=-0.1\text{mm}$	
	带钢厚度变化率 $\delta h_i/\%$	机架间张力变化率 $\delta t_{f_{12}}/\%$	带钢厚度变化率 $\delta h_i/\%$	机架间张力变化率 $\delta t_{f_{12}}/\%$
1	-1.45	1.81	0.49	-9.29
2	-1.18		0.05	

由图 5-21～图 5-28 和表 5-5、表 5-6 可以得出，当第 1、第 2 机架辊缝增加或者减小时，对机架间张力的影响第 2 机架要远大于第 1 机架，但对于带钢出口厚度，第 1 机架的影响要大于第 2 机架。

5.1.5 轧制因素多段波动的影响

轧辊线速度变化量从-1.0～1.0m/s 时，即 $\Delta V_i=-1.0\sim1.0\text{m/s}$，对轧件的出口厚度 h_i 和两机架间张力 t_f 的相应值取峰值，做成曲线，可以得出 h_i 和 t_f 随轧辊线速度的变化曲线，如图 5-29～图 5-32 所示。

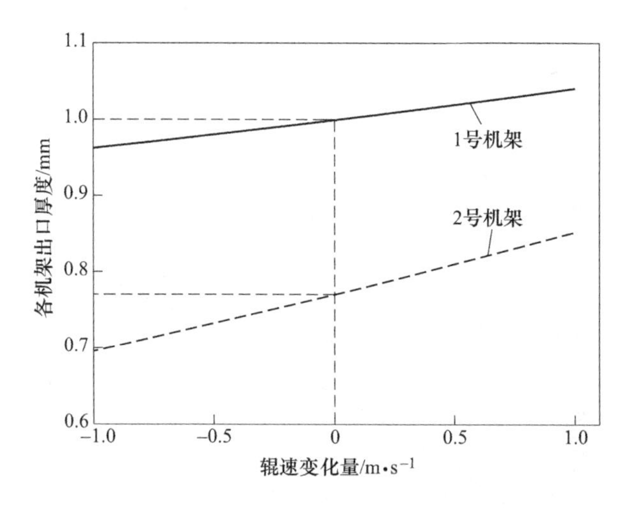

图 5-29 带钢出口厚度随第 1 机架辊速波动时的变化

来料厚度变化量从-0.2～0.2mm 时，即 $\Delta H=-0.2\sim0.2\text{mm}$，对轧件的出口厚度 h_i 和两机架间张力 t_f 的相应值取峰值，做成曲线，可以得出 h_i 和 t_f 随来料厚度的变化曲线，如图 5-33 和图 5-34 所示。

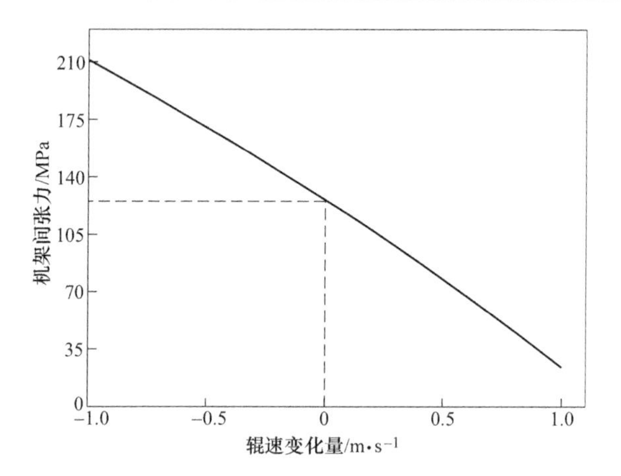

图 5-30　机架间张力随第 1 机架辊速波动时的变化

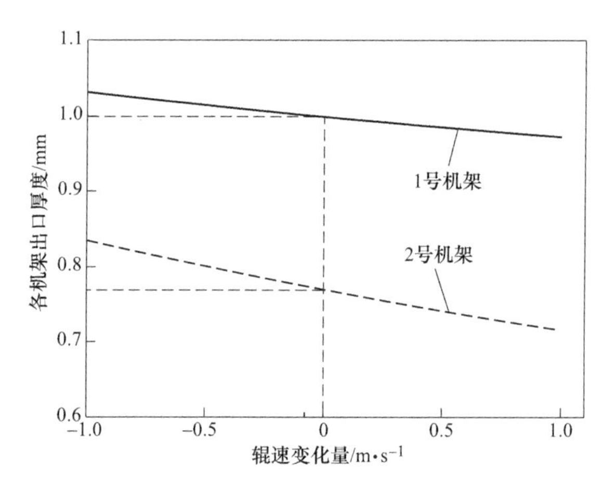

图 5-31　带钢出口厚度随第 2 机架辊速波动时的变化

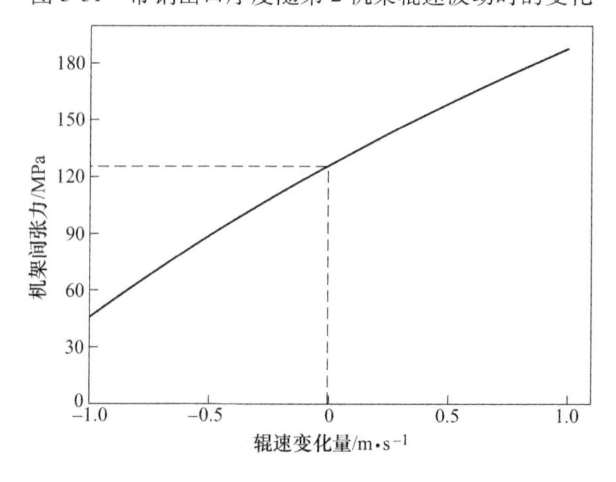

图 5-32　机架间张力随第 2 机架辊速波动时的变化

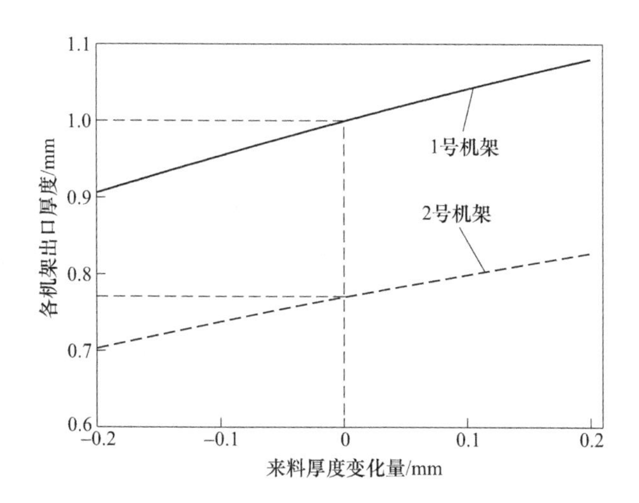

图 5-33 带钢出口厚度随来料厚度波动时的变化

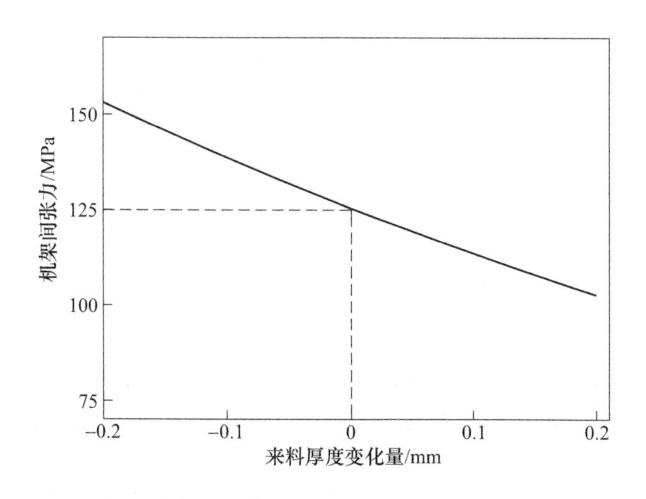

图 5-34 机架间张力随来料厚度波动时的变化

由图 5-29~图 5-34 可以看出，轧辊速度对机架间张力和带钢出口厚度影响很明显，特别是机架间张力对轧辊速度波动极为敏感，是张力波动的主要原因，而热轧来料厚度的影响较小，因此，轧辊速度是机架间张力控制和轧件厚度控制的首要因素。

5.2　加减速过程对轧制状态的影响

5.2.1　加减速过程的计算流程

在双机架可逆轧制过程中，无法实现高度连续轧制，而且带钢卷重受到限制，因此需要频繁的加减速，该过程是轧机操作中最重要、最困难的环节。

加减速时，张力波动最为剧烈，而张力的变化必然导致这两个机架的压力、转矩、速度、带钢厚度的波动，同时，各机架主传动控制系统动态特性的差异也会导致各机架速度间的失调，作为速度函数的摩擦系数也要发生变化，这也会反过来影响张力的进一步变化，所以说该过程是各种轧制参数变化最剧烈的阶段。若设定计算不合理将会导致断带、叠轧事故的发生，为校验设定计算的合理性，保证产品质量和加减速过程稳定进行，应该对加减速的过渡过程进行仿真计算，以便采取相应的控制措施。

双机架同步加速时，各机架主传动电机速度指令是依靠主变阻器输出电压的连续升高而按比例提高的。为了对这个过程进行仿真计算，通常给出最后机架折合到轧辊上的主电机加速特性 a_n(mm/s^2)(正常加速和减速特性大小相等，方向相反，即符号取反)，因为双机架可逆轧制时，先将辊缝抬至最高位，让带钢通过，完成穿带过程，之后施加预轧制力（600~1000kN），微速建立起开卷机与第 1 机架、机架间及第 2 机架与卷取机之间的张力，完成建张过程，再升速轧制，因此，两个机架的加速特性相同。在 dτ 时间内，各机架的速度增量 dv_i为:

$$\mathrm{d}v_i = a_i \mathrm{d}\tau \tag{5-1}$$

$$v_i^{(n+1)} = v_i^{(n)} + \mathrm{d}v_i \tag{5-2}$$

加速和减速过程的仿真计算框图见图 5-35，最末机架的加速度由人工给定，初始速度为零，即从静止状态加速到正常轧制状态。当要求进行减速操作时，应当按照当前速度进行计算，并令 $a_n = -a_n$。

轧机参数和轧制规程均采用与 4.1 节中相同的设备数据和轧制规程数据，计算时间步长 $\Delta\tau$=0.0025s，各机架预压靠轧制力均为 800kN。

5.2.2　轧制参数不发生波动时加速的影响

根据加减速计算框图 5-35，某双机架设备参数和轧制规程如表 4-1、表 4-2 所示，模拟逆向轧制（即第二轧程），出口机架速度为 17.1m/s，出口机架加速度 a_2=0.6m/s^2，进行模拟计算，计算结果如图 5-36~图 5-39 所示。

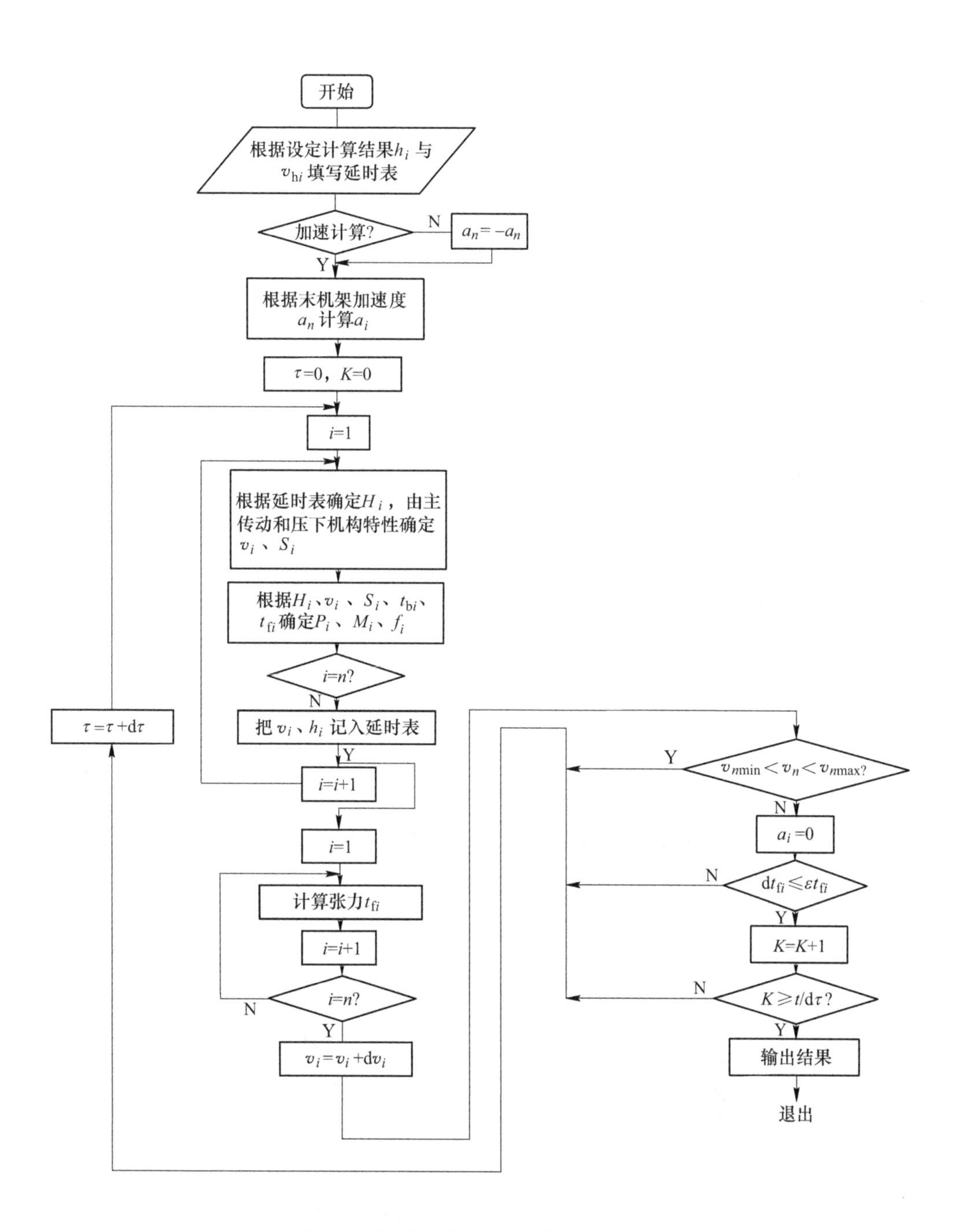

图 5-35 加速和减速过程的仿真计算框图

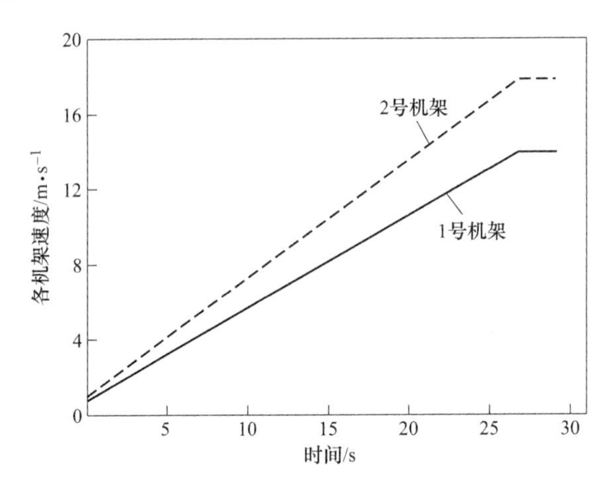

图 5-36　轧制速度以 0.6m/s²加速到 17.1m/s 时带钢出口速度的变化

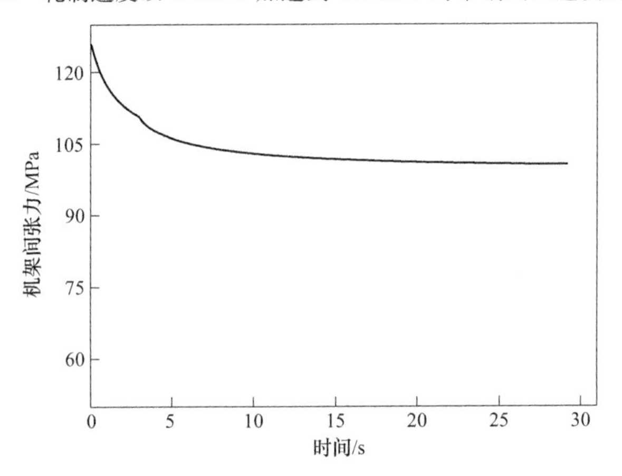

图 5-37　轧制速度以 0.6m/s²加速到 17.1m/s 时机架间张力的变化

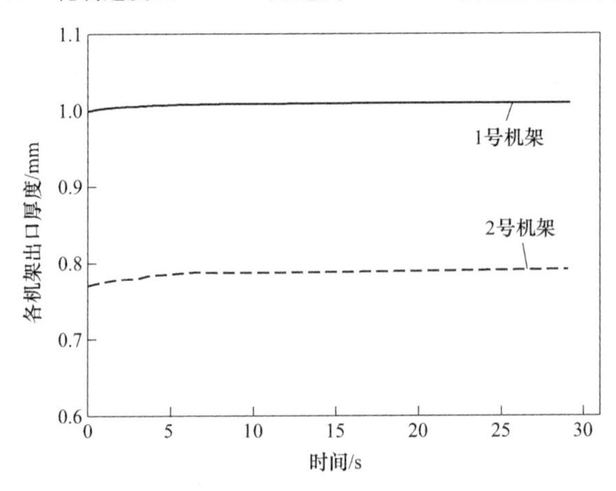

图 5-38　轧制速度以 0.6m/s²加速到 17.1m/s 时带钢出口厚度的变化

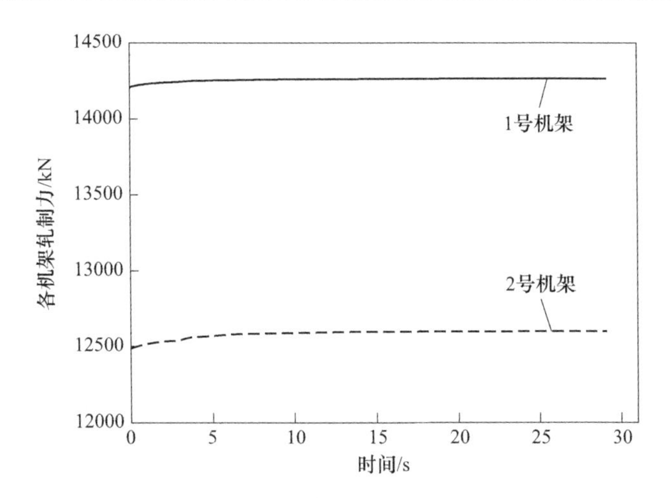

图 5-39 轧制速度以 0.6m/s^{2}加速到 17.1m/s 时轧制力的变化

加速终了，各机架由前一稳定轧制状态过渡到下一稳定状态时，各机架带钢厚度变化率 δh_i、机架间张力变化率 $\delta t_{f_{12}}$、轧制力变化率 δP_i示于表 5-7 中。

表 5-7 加速度为 0.6m/s^{2}时，带钢出口厚度 h_i、机架间张力 $t_{f_{12}}$、轧制力 P_i变化率

机架号	带钢厚度变化率 δh_i/%	轧制力变化率 δP_i/%	机架间张力变化率 $\delta t_{f_{12}}$/%
1	1.07	0.40	-20.12
2	2.75	0.89	-20.12

由图 5-36~图 5-39 和表 5-7 可以看出，在加速过程中，带钢出口厚度呈斜坡形式增加，经过约 7.5s 后稳定，第一机架出口厚度偏差为 1.07%，即 10.70μm，第二机架积累偏差为 2.75%，达 21.18μm，如果不采取补偿措施，板厚差可能超标，使产品降级。张力在加速过程中急剧下降，降幅达 20.12%，绝对值达 25.35MPa，而张力的降低进一步促使板厚和轧制力增加，延长了轧制状态稳定所需要的时间。因此，可以通过辊缝补偿以维持张力稳定，避免带钢出口板厚波动太大。

5.2.3 轧制参数发生波动时加速的影响

加速过程中，如果来料厚度等轧制参数发生波动时，则机架间张力 t_{f12}、轧制力 P_i、带钢出口厚度 h_i等参数会发生相应的波动，模拟采用逆向轧制的轧制规程，出口机架速度为 17.1m/s，出口机架加速度 $a_2 = 0.6\text{m/s}^2$，当来料厚度波动为-0.1mm，波动长度为 1000mm 的半周期正弦波时，模拟计算结果如图 5-40~图 5-43 所示。

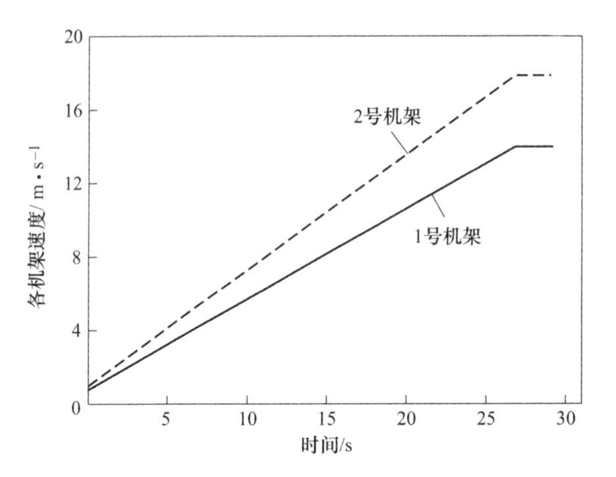

图 5-40 轧制速度以 0.6m/s^{2}加速到 17.1m/s 且来料厚度波动-0.1mm 时带钢出口速度的变化

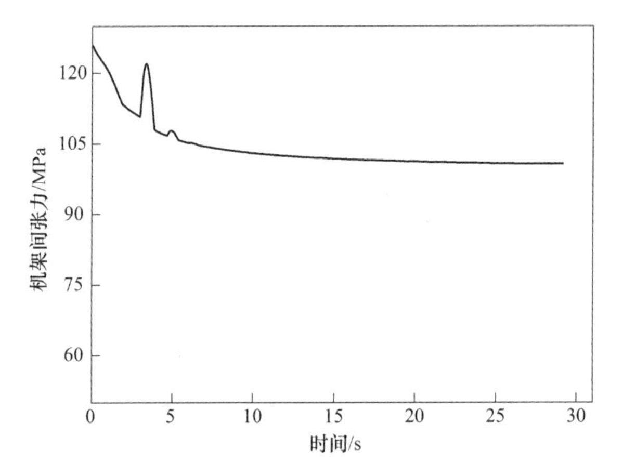

图 5-41 轧制速度以 0.6m/s^{2}加速到 17.1m/s 且来料厚度波动-0.1mm 时机架间张力的变化

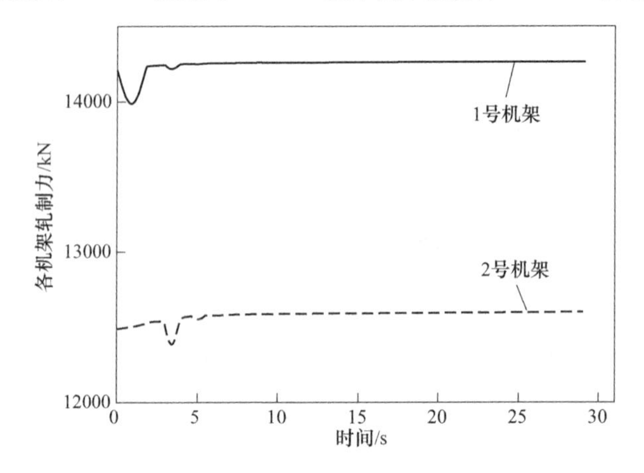

图 5-42 轧制速度以 0.6m/s^{2}加速到 17.1m/s 且来料厚度波动-0.1mm 时轧制压力的变化

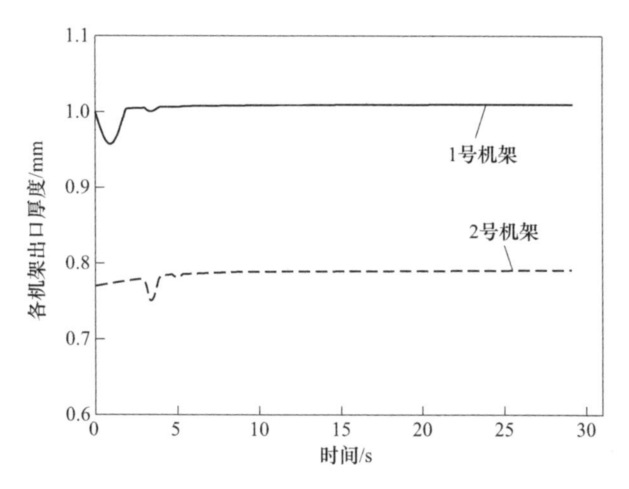

图 5-43 轧制速度以 0.6m/s^{2}加速到 17.1m/s 且来料厚度波动-0.1mm 时带钢出口厚度的变化

加速终了，各机架由前一稳定轧制状态过渡到下一稳定状态时，各机架带钢厚度变化率 δh_i、机架间张力变化率 δt_{f12}、轧制力变化率 δP_i 示于表 5-8 中。

表 5-8 加速度为 0.6m/s^{2}来料厚度减少 0.1mm 时出口厚度、机架间张力、轧制力的变化率

机架号	带钢厚度变化率 δh_i/%		轧制力变化率 δP_i/%		机架间张力变化率 $\delta t_{f_{12}}$/%	
	厚度波动	加速终了	厚度波动	加速终了	厚度波动	加速终了
1	-4.20	1.04	-1.56	0.39	8.94	-20.06
2	-2.64	2.73	-0.86	0.90	8.94	-20.06

由图 5-40~图 5-43 和表 5-8 可以看出，在加速过程中，当热轧来料以半周期正弦波形式减薄时，带钢出口厚度、张力等轧制参数都有一个突变过程，第 1 机架带钢出口厚度减薄 4.20%，即 41.96μm，第 2 机架减薄 2.64%，即 20.33μm，由于带钢减薄，机架间张力随之增加。来料厚度恢复波动前水平之后，带钢出口厚度以斜坡形式增加，经过约 7.5s 后稳定，第 1 机架出口厚度偏差为 1.04%，即 10.39μm，第 2 机架积累偏差为 2.73%，达 20.94μm，张力急速持续下降，降幅达 20.06%，为 25.28MPa，使板厚和轧制力增加，延长了轧制状态稳定所需要的时间。故可通过前馈 AGC，以辊缝或者轧制力补偿维持张力稳定，避免带钢出口板厚波动太大。

参 考 文 献

[1] 宋美娟. 冷连轧动态过程的数值模拟 [J]. 金属成形工艺, 2001, 19 (2): 21~24.
[2] 袁林忠. 轧机液压 AGC 系统数学模型研究 [J]. 机械设计与制造, 2007(5): 127~129.
[3] 刘光明, 邸洪双, 侯泽跃, 等. 双机架可逆冷轧机组动态特性分析 [J]. 钢铁研究学报, 2010 (3): 9~12.
[4] 刘光明. 双机架可逆四辊冷轧机轧制特性及板形控制特性研究 [D]. 东北大学, 2010.

6 典型轧制工艺过程分析

6.1 加减速轧制过程分析

连轧机轧制过程中，在稳定轧制时，即轧制速度保持恒定期间，产品板厚精度良好。但是在加减速时，轧制状态发生变化、板厚精度降低。因此有必要对加减速的过渡过程进行仿真计算，找出加减速过程中轧件厚度和机架间张力的变化规律，以便采取相应的控制措施。文献研究表明，减速过程和加速过程各种规律均相反，因此这里只对加速过程中的厚度和张力变化规律进行研究。

6.1.1 加速过程中的厚度和张力变化

利用前述轧制规程，以第 1 机架起始轧制速度 1m/s，第 2 机架加速度 $1m/s^2$，实施加速过程的模拟分析。由图 6-1 可以看出，在加速过程中各机架出口厚度和机架间张力均变小，这是由于加速过程中油膜厚度增厚，从而使出口厚度减小，同时摩擦系数降低，使轧制力和弹跳量减小，也使出口厚度减小。所以在加速过程中，各机架的带钢出口厚度都在减小，机架间张力也不断减小。在加速的初始阶段厚度和张力变化比较剧烈，当速度大于 300m/min 时，出口厚度和机架间张力变化得较缓慢。减速过程和加速过程的各种规律均相反，即减速过程中油膜轴承的油膜厚度减薄，从而使出口厚度增大，同时摩擦系数增大，使轧制力和弹跳量增加，也使出口厚度增大，所以在加速过程中，各机架的带钢出口厚度和机架间张力都增大，且也是在低速阶段变化较剧烈。

6.1.2 加速过程完全辊缝补偿分析

在双机架可逆冷连轧机的轧制过程中，需要频繁的加减速，无法实现高度连续轧制。另外，加减速过程也是参数波动最剧烈的阶段，保证此过程中的产品质量对提高成材率极其重要。而加减速过程中，产品的厚度波动主要归结于下列两个因素：（1）轧制速度变化引起轧辊和轧材之间摩擦系数的变化；（2）轧制速度变化引起支撑辊油膜轴承油膜厚度变化。

轧机加速过程中，进入轧辊咬入区的润滑油量增加，流体润滑区域扩大，摩擦系数减小，轧制力变小，板厚呈减薄趋势；随轧制速度提高，支撑辊油膜轴承的油膜厚度变厚，辊缝减小，板厚也呈减薄趋势。

为抵消或削弱此过程中的厚度减薄，通常采用调节张力或压下的方式进行厚

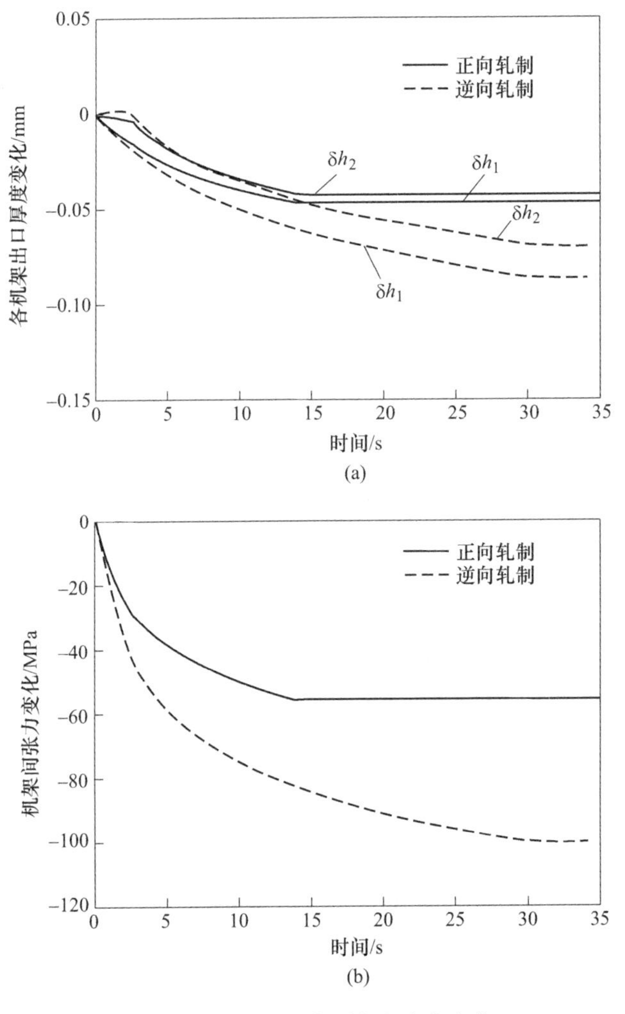

图 6-1　加速过程中厚度和张力变化

（a）对出口厚度的影响；（b）对机架间张力的影响

度补偿控制。张力补偿策略是在加速过程中降低张力，以补偿由于速度增加而引起的带材厚度减薄，但加速过程中张力本来已有一定程度的减小，文献研究表明利用张力进行厚度补偿时，张力减小非常迅速，易出现堆钢现象，且张力对带钢厚度的调节能力有限。压下补偿策略是在加速过程中增大辊缝，以补偿由于速度增加而引起的带材厚度减薄，文献研究表明采用压下方式同时进行油膜厚度和摩擦系数的补偿是加减速过程中的最佳厚度补偿方式。因此，这里对利用辊缝对上述两个因素同时进行补偿时的辊缝补偿规律加以研究。

对式（3-11）取增量形式，有：

$$\delta h = \delta S + \frac{\delta P}{K_m} - \delta O_f \tag{6-1}$$

为使各机架出口厚度不变，即 $\delta h = 0$，须有：

$$\delta S = -\frac{\delta P}{K_m} + \delta O_f \tag{6-2}$$

由 2.3.1 节中轧制力的偏微分系数可得：

$$\delta S = -\frac{\frac{P}{f}\left(1 + \frac{1.02\varepsilon - 1.08}{Q_p}\right)}{1 - \frac{R' - R}{2R}\left(1 + \frac{1.79\varepsilon f}{n_t}\sqrt{\frac{R'}{H}}\right)} \frac{1}{K_m}\delta f + \delta O_f \tag{6-3}$$

图 6-2 为加速过程中，考虑摩擦系数补偿和油膜厚度补偿的总的辊缝补偿曲线。从图中可以看出，在加速初始阶段辊缝补偿量变化较大，曲线较陡，且在逆向轧制时更明显。由于采用相同的出口速度进行模拟，可以看出在相同的速度变化区间，即相同的摩擦系数变化量的情况下，轧制压力大的架次其轧制压力变化量也大，因而压下补偿量大。因此加速开始阶段辊缝补偿量要大，此时的补偿作用也最显著。

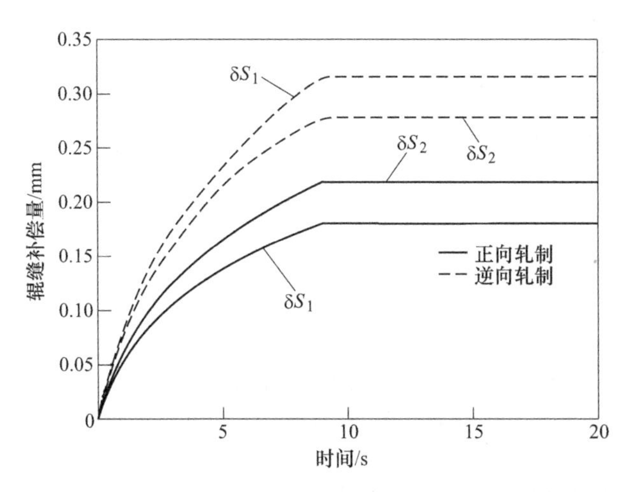

图 6-2　加速过程中的辊缝补偿量

图 6-3 为在进行辊缝补偿后的加速过程中，出口厚度和机架间张力的变化规律。从图中可以看出，在正向轧制时，经过辊缝补偿，入口机架厚度偏差由补偿前的-68μm 变为-4μm，出口机架厚度偏差由补偿前的-120μm 变为+4μm，机架间张力偏差由补偿前的-60MPa 变为-40MPa；在逆向轧制时，经过辊缝补偿，入口机架厚度偏差由补偿前的-86μm 变为-25μm，出口机架厚度偏差由补偿前的

-67μm 变为-10μm，机架间张力偏差由补偿前的-107MPa 变为-50MPa。由此可以看出，进行辊缝补偿后，出口厚度已满足±1%的控制精度要求，且补偿后的张力变化量也大幅度减小，所以加速过程按照此策略进行辊缝补偿是符合控制要求的。

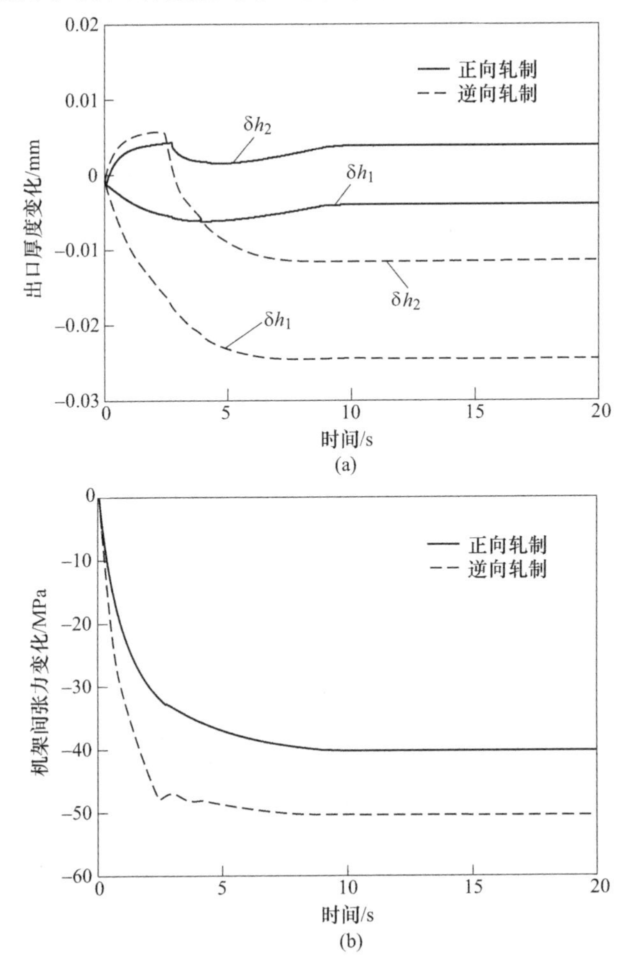

图 6-3　辊缝补偿后加速过程中厚度和张力的变化

（a）对出口厚度的影响；（b）对机架间张力的影响

通过上述分析可以看出，各扰动量和控制量对各机架出口厚度和机架间张力的影响都呈阶梯形的变化，直到达到一个新的稳定状态，动态特性分析得到的结果与第 4 章中静态特性分析的最终结果基本一致。加减速过程中油膜轴承的油膜厚度和摩擦系数的变化是引起各机架出口厚度和机架间张力变化的主要原因，加速过程中，出口厚度和机架间张力均变小，而减速过程中，出口厚度和机架间张力均变大，且都是在低速阶段影响更大。在加速过程中对摩擦系数和油膜厚度进行辊缝补偿后，出口厚度波动明显减小，已基本满足厚度控制要求，且张力波动也明显减小，可见加速过程中采用的辊缝补偿策略是有效和可行的。

6.2 启车轧制过程分析

启车轧制过程是轧制过程中典型的非稳态轧制过程，存在轧制工艺参数的剧烈波动，因此分析双机架可逆冷连轧机组启车轧制过程对指导该机组的安全稳定运行有较强的实际应用价值。

6.2.1 建张方式及其对启车过程的影响

6.2.1.1 入口机架建张时轧机启车过程模拟分析

某双机架可逆冷连轧机组设计的启车方式为：穿带完全→达到最小轧制力→达到静止张力→达到设定轧制力→达到设定张力→开始轧制。其压下控制方式、机架间张力、轧机速度和轧制力变化过程的过程采集数据（Process Data Acquisition，PDA）如图 6-4（a）所示。穿带阶段两个机架的辊缝均设置为 6~12mm，该值大于穿带阶段的带钢原始厚度，也就是说，穿带过程轧机不带载，此阶段带钢厚度不会减薄。

当带钢通过轧机，在卷取机上卷取 3~4 圈后，在开卷机和卷取机之间建立了一个较小的张力，即完成穿带过程。然后，在轧制力控制模式下，轧机压下至一个较低的轧制力（约 4000kN），带材在工作辊的压下作用下与张力计接触，从而产生较小的静态张力。接下来，轧机启动之前都继续保持该预设的轧制力。然后，入口机架低速反向转动，以建立预设的机架间静态张力。采用这种控制方式在机架达到设定轧制力时，入口机架相当于进行了短时间小轧制力的反向轧制，机架部位和机架入口的一段带钢会变薄，机架间的带钢还是相对较厚的原料，而此时轧机 HGC 仍处于压力控制模式，那么在随后进行轧制时，即相当于来料厚度有一段减薄区，如图 6-4（b）所示。

为了分析厚度减薄区在启动过程中对轧制状态的影响，利用以上建立的模型模拟了启动阶段带钢厚度和机架间张力的变化。表 6-1 列出了用于仿真的 CCM 的典型轧制规程。其中，工作辊直径为 450mm，杨氏模量为 210GPa，泊松比为 0.3，轧机的纵向刚度为 5280kN/mm，两个机架参数是相同的。机架间的距离是 4500mm，带宽为 1000mm，把入口厚度变化形式看作半周期正弦曲线型，其峰值约为 0.2mm。

图 6-5 为启车轧制阶段的机架间厚度和出口厚度的变化过程，其中机架间张力由入口机架的速度控制。从图中可以看出，在机架间厚度曲线上有 3 个明显的减薄区，而在出口厚度曲线上则有 4 个减薄区。

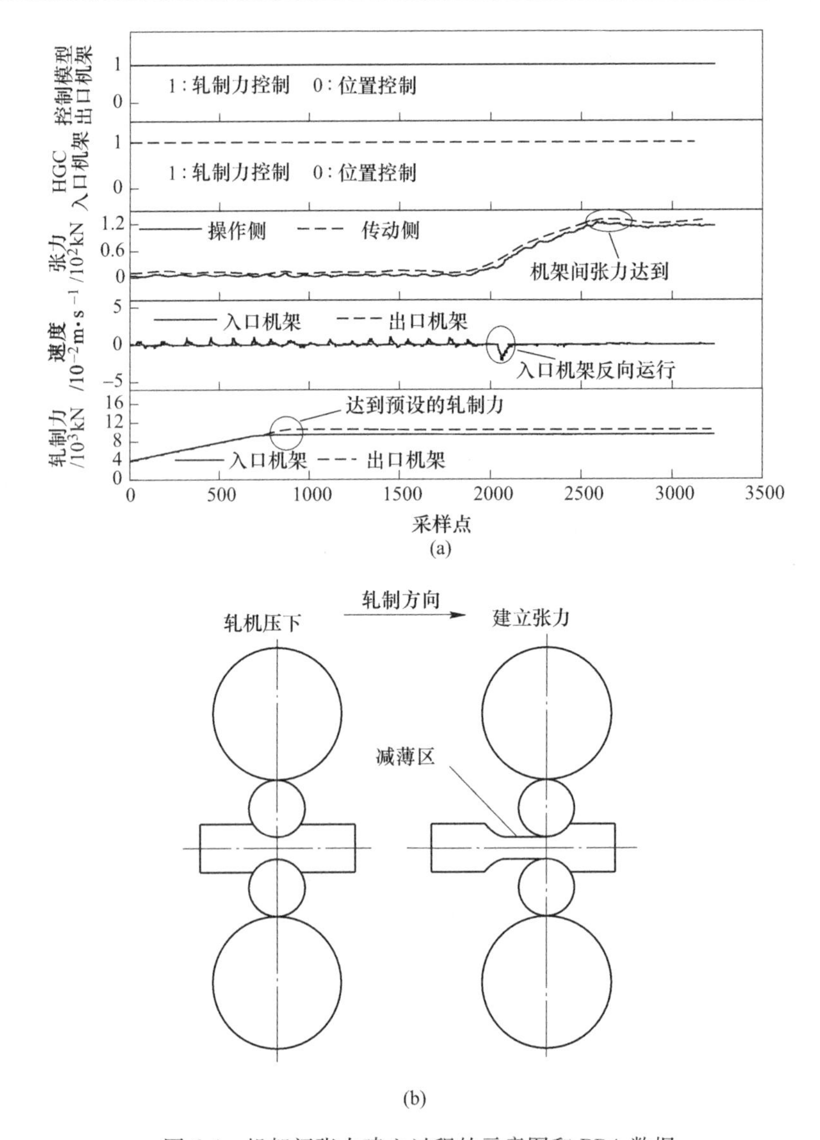

图 6-4　机架间张力建立过程的示意图和 PDA 数据

（a）机架间张力建立过程的 PDA 数据；（b）机架间张力建立过程示意图

表 6-1　模拟计算的典型轧制规程

机架	入口厚度 H/mm	出口厚度 h/mm	前张力 t_f/MPa	后张力 t_b/MPa	轧制速度 v/m · min⁻¹
入口机架	3.000	2.120	126	29	—
出口机架	2.120	1.417	84	126	574

图 6-6 为启车过程机架间张力的变化过程，从图中可以看出，在启动轧制过程中机架间张力出现了 4 次瞬间增大。

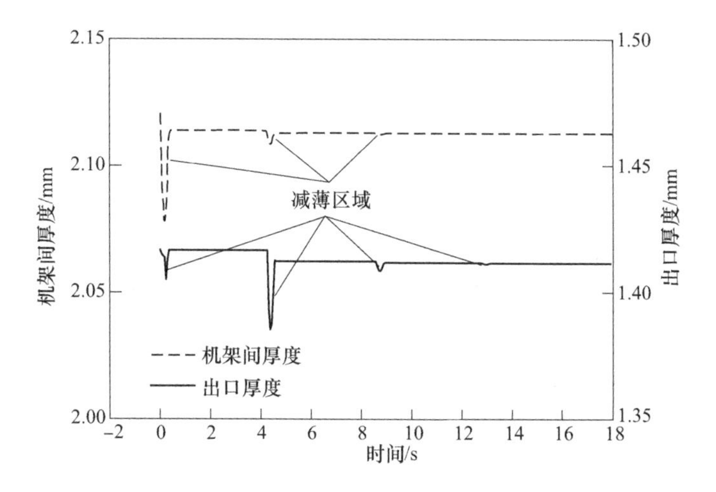

图 6-5 入口机架建张时启动过程的厚度变化

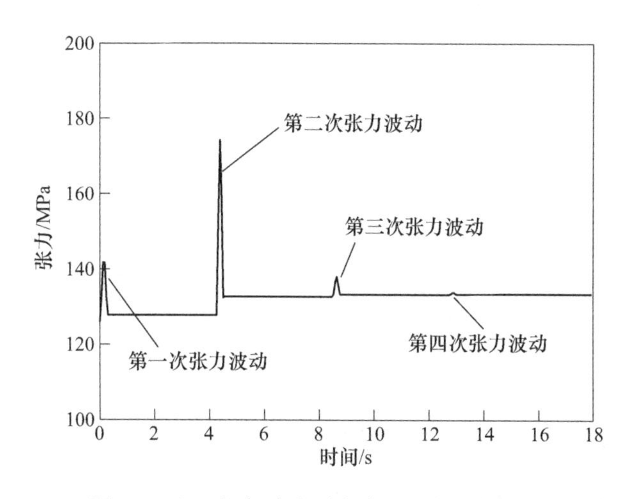

图 6-6 入口机架建张时启车过程的机架间张力变化

机架间厚度曲线上的第一个减薄区是在静态机架间张力建立过程中形成的，它在随后的启动轧制过程中由处于压力控制模式的入口机架继续压下轧制，引起了第一次机架间张力的增加。此机架间张力的增加将导致轧制力减小，而此时轧机仍处于压力控制模式，因此轧机将继续压下，这使得两个机架的出口厚度减小，这是出口厚度曲线上的第一次厚度减小的原因。机架间厚度曲线上的第一个厚度减小区域到达出口机架时出口机架仍处于压力控制模式，它将继续压下至预设的轧制力，便形成了出口厚度曲线上的第二厚度减小区域，该厚度减薄区与建张过程入口机架的厚度减薄区为同一位置，因此其减薄量比出口厚度的第一次减薄区要大，该减薄区到达出口机架时导致了第二次机架间张力的增大。而机架间张力的增加又将导致轧制力减小，处于压力控制模式的轧机继续压下，使两个机架的出口厚度都减小，这是机架间厚度曲线上第二次厚度减小的原因。其他厚度减薄区也是由此顺序影响所产生的。

第一次和第二次张力增加是厚度减薄区进入入口机架和出口机架时直接导致的张力波动；而第三次张力波动则是由于第二次张力波动导致入口机架部位带钢厚度减薄，厚度减薄部位在进入出口机架时引起；第四次张力波动则是由于第三次张力波动导致入口机架部位带钢厚度减薄，厚度减薄部位在进入出口机架时引起，所以第一次和第二次张力波动的幅度较大，第三次和第四次张力波动的幅度较小。张力波动较大时，若带钢上存在边裂和孔洞等缺陷，则张力将超过带钢该点的抗拉强度，从而导致带钢从此处撕裂而发生断带事故。

图 6-7 为启动轧制过程中 HGC 控制方式、厚度和张力的 PDA 数据。从图中

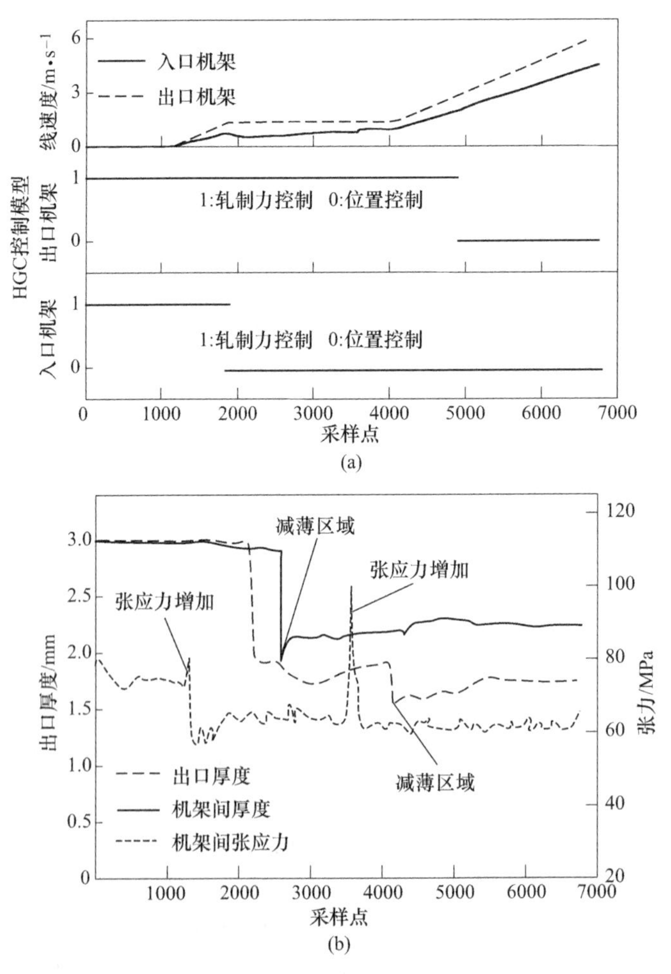

图 6-7　启动过程中 HGC 控制方式、厚度和张力的 PDA 数据

(a) HGC 控制方式和线速度的变化；(b) 张力和厚度变化

可以看出，启动轧制后，入口机架达到轧制规程设定轧制力后，入口机架由压力控制模式转换为位置控制模式，而出口机架由于仍未达到目标厚度和规程设定轧制力而仍处于压力控制模式。

机架间厚度存在一个过渡区，而出口厚度则存在两个厚度过渡区。第一个厚度过渡区是在张力建立过程中由预设的轧制力产生的，当入口机架的厚度过渡区到达出口机架时，产生第二个厚度过渡区。由于特殊的机架间张力建立模式，机架间的厚度过渡位置和出口厚度分别有两个异常的厚度减小区域。因此，当厚度过渡区域分别进入入口机架和出口机架时，会出现两个急剧的张力增加，并且第二个张力增加大于第一个。轧制过程中出现的现象与模拟结果一致，这也证实了本书所建立的模拟方法的有效性。这些张力的异常增加将导致对带材产生冲击力，张力突变时处于机架位置的带钢相对较薄，将成为薄弱的部分，易发生断带事故。

6.2.1.2　出口机架建张时启车轧制过程模拟分析

通过上述分析可以看出，静态建张阶段形成的厚度减薄区是造成启车过程张力突变的主要原因，并可能由此产生断带事故，因此必须对该减薄区的厚度减薄加以控制。为了避免入口机架反转建张带来的厚度减薄区进入轧机而产生的厚度和张力异常波动，可以采用出口机架正转的方式建张，其建张过程示意图如图 6-8 所示。采用上述同样的设备和工艺数据，对利用出口机架正转建张时的启车轧制过程进行了模拟分析。

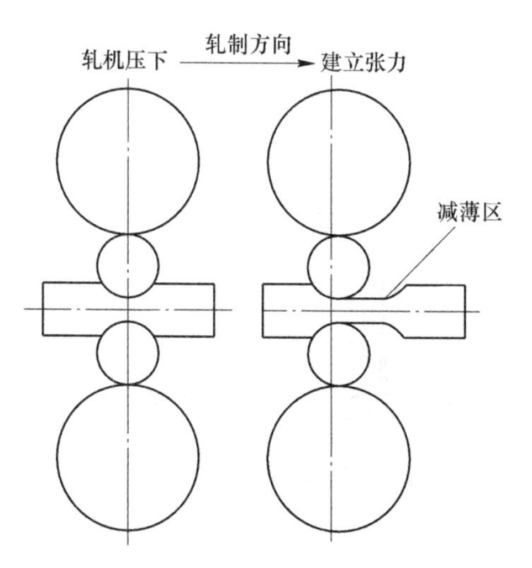

图 6-8　出口机架静态建张过程示意图

采用出口机架建张时，达到预设的轧制力后，出口机架就会向前运行以建立机架间张力，此时厚度减薄区域将运行至出口机架至卷取机之间，因此消除了进入入口机架时原料存在的厚度减薄区。

采用该建张方式时，启动轧制阶段的厚度变化和张力变化分别如图 6-9 和图 6-10 所示。机架间厚度仍出现四次减薄区，出口厚度仍存在三次减薄区。机架间张力的第一次异常增加得到消除，但后续运行中仍出现两次机架间张力的异常增加。

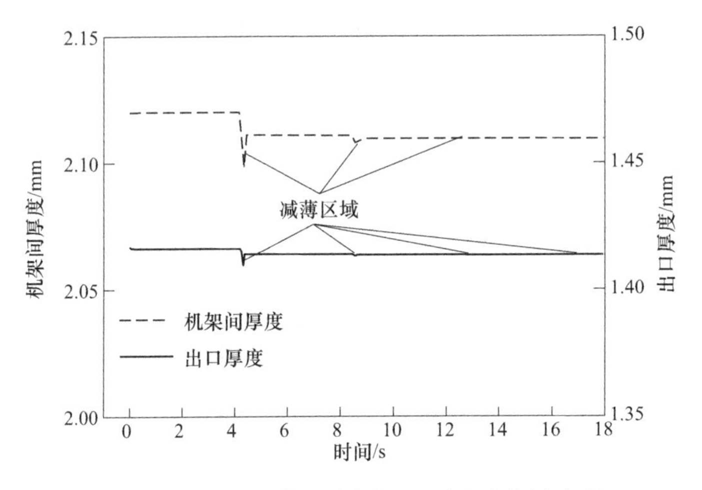

图 6-9　出口机架建张时启车过程各机架厚度变化

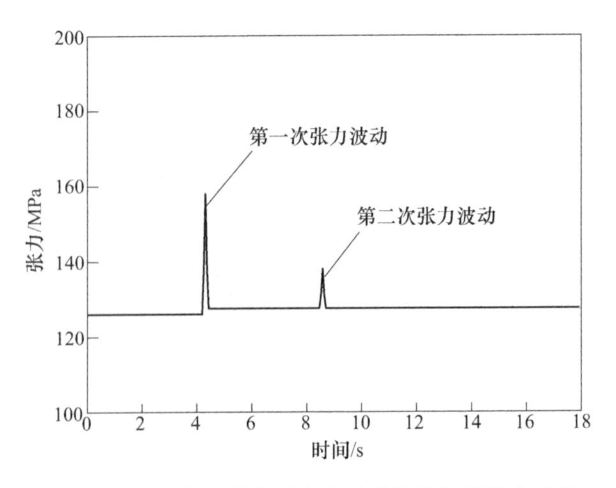

图 6-10　出口机架建张时启车过程的机架间张力变化

采用该建张方式时，由于消除了入口机架入口侧的厚度减薄区，所以在启动轧制开始时的第一次厚度和张力波动消失了，但机架间厚度和出口厚度曲线上仍存在明显的厚度减薄区，也存在两个张力增加，但各减薄区的减薄量与入口机架建张时相比均明显减小，张力增加量与入口机架建张时相比也明显减小。

启车轧制过程中，机架间厚度逐渐过渡成为入口机架的出口厚度，因此出口机架的入口厚度仍存在一个厚度过渡区域。当该过渡区域到达出口机架时，会导致出现第一次的张力增加，这会使两个机架的轧制力降低，处于压力模式的轧机继续压下，进而导致两个机架的出口厚度均减小，随后的厚度和张力波动模式及机理与原启动轧制过程相似。

6.2.2 建张方式优化分析

通过上述分析可以看出，静态建张阶段形成的厚度减薄区是造成启车阶段厚度和张力异常波动的主要原因，因此必须对该减薄区的厚度减薄加以控制，而减小该减薄区最直接的方式就是增大辊缝，又由于该时刻 HGC 处于压力控制模式，则减小建张时的轧制力即可实现减小减薄区的减薄量。

因此，在不影响厚度超差长度的基础上，将现场启车方式微调为：穿带完全→达到最小轧制力→达到静止张力→达到某一设定的轧制力→达到设定张力→达到设定轧制力→开始轧制，如图 6-11（a）所示。这样在小于设定轧制力的某一轧制力下进行建张，就可以减小厚度减薄区的减薄量，从而达到减小启车轧制过程厚度和张力波动的目的。

在测试轧制过程中，用于建立机架间张力的设定轧制力改为原设定轧制力的一半。如图 6-11（b）所示，采用新的建张方式后，启车过程的厚度减薄量变得非常小，甚至消失，且启车轧制开始时的第一次机架间张力增加也基本消除，但是第二次机架间张力的增加仍然存在，但是张力增加量与原来的建张方式相比也大幅减小。这个张力增加是由于经入口机架轧制后的带钢厚度过渡区进入出口机架所导致的，对于该类型的静态张力建立过程也是不可避免的。

另外，通常带钢头部的预设轧制力要更大一些，当入口机架的液压控制（HGC）模式从轧制力控制模式变为位置控制模式时也会导致厚度减小，当该厚度减小区域到达出口机架时，还会导致张力急剧增加。因此，为了减少厚度减薄量，从而避免急剧的张力增加，还应该减小带钢头部的预设轧制力值，进而减小厚度波动，提高机架间张力的稳定性，就可以降低由于不合理的工艺参数而导致可能的断带。此外，热轧带钢冷却不均导致的头尾变形抗力波动和摩擦系数的变化等引起厚度和机架间张力波动的扰动因素，在这个阶段也可能导致断带事故，因此热轧带钢冷却过程温度控制的均匀性和冷轧过程中良好的润滑状态也是十分重要的。

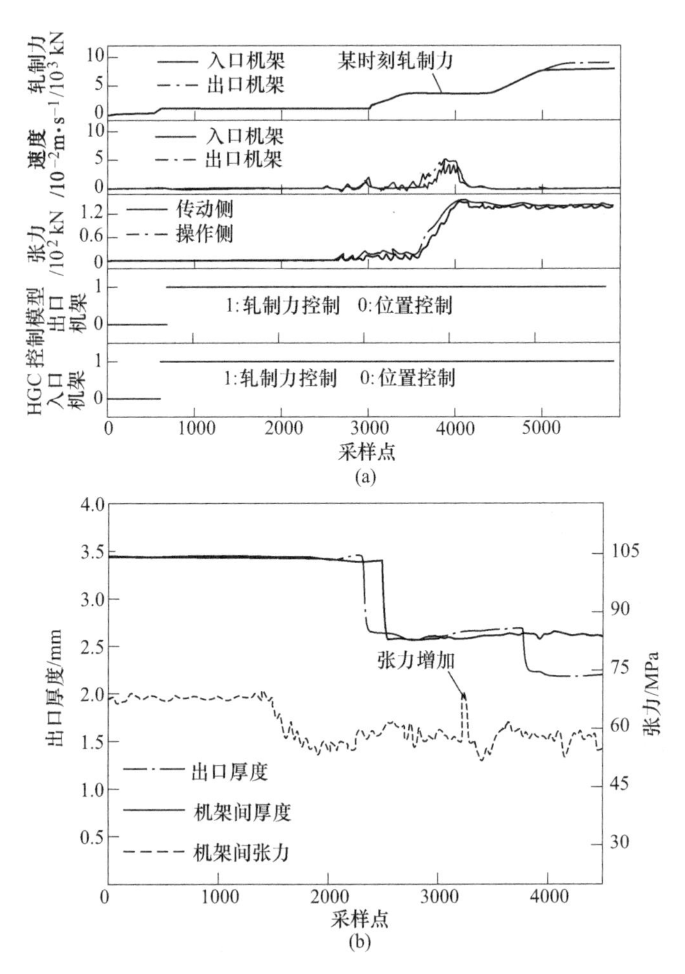

图 6-11　采用新的张力建立方式后启动轧制过程的厚度和张力变化

（a）新的机架间张力建立过程；（b）启动轧制过程厚度和张力变化

参 考 文 献

［1］侯泽跃．双机架可逆冷轧机的静态特性和动态特性分析［D］．东北大学，2008.

［2］刘光明．双机架可逆四辊冷轧机轧制特性及板形控制特性研究［D］．东北大学，2010.

［3］刘光明，黄小洋，黄庆学，等．双机架可逆冷连轧机加速过程厚度补偿策略［J］．太原科技大学学报，2014（6）：459~464.

［4］Liu Guangming，Li Yugui，Huang Qingxue，et al. Analysis of startup process and its optimization for a two-stand reversible cold rolling mill［J］. Advances in Materials Science and Engineering，2017.